经管研究方法系列译丛

An

Introduction to

MATLAB

MATLAB for

导论

为行为研究者量身定制

Behavioral Researchers

Christopher R. Madan （加）克里斯托夫·R. 马登 著

武佩霞 译

东北财经大学出版社
Dongbei University of Finance & Economics Press

大连

SAGE

辽宁省版权局著作权合同登记号：图字06-2016-184号

图书在版编目（CIP）数据

MATLAB导论：为行为研究者量身定制 / （加）克里斯托夫·R.马登（Christopher R. Madan）著；武佩霞译.一大连：东北财经大学出版社，2017.6
（经管研究方法系列译丛）
ISBN 978-7-5654-2684-1

Ⅰ. M… Ⅱ. ①克… ②武… Ⅲ. Matlab软件-应用用-行为分析-研究 Ⅳ. B848.4-39

中国版本图书馆CIP数据核字（2017）第017570号

东北财经大学出版社出版发行
　　大连市黑石礁尖山街217号　邮政编码　116025
　　网　　址：http：//www．dufep．cn
　　读者信箱：dufep @ dufe．edu．cn
大连图腾彩色印刷有限公司印刷

幅面尺寸：170mm×240mm　字数：265千字　印张：21.5
2017年6月第1版　　　　2017年6月第1次印刷
责任编辑：刘东威　刘　佳　责任校对：王　玲　刘慧美
封面设计：冀贵收　　　　版式设计：钟福建
定价：60.00元

教学支持　售后服务　　联系电话：（0411）84710309
版权所有　侵权必究　　举报电话：（0411）84710523
如有印装质量问题，请联系营销部：（0411）84710711

前　言

行为研究方法正在经历一场变革。伴随着数据分析方法的改变和计算机化进程的加快，我们的工作方式也要随之改变。依靠铅笔、纸和计算器进行数据分析的日子一去不返，我们已进入了高级计算的时代。

我叫克里斯托夫·R.马登，目前是艾伯塔大学心理学系的一名在读博士生。在读研究生之前，我做了多年的自由程序员。刚接触研究，我就意识到学习 MATLAB 对工作中的数据分析是至关重要的。以前我并没用过 MAT-LAB，但我知道 MATLAB 主要用于处理复杂计算，而且其分析环境比微软 Excel 或 IBM SPSS 更高效。尽管同类的其他软件也各有所长，但是 MATLAB 却成为我做分析的核心工具。当然，这主要归因于我的上司和同事也在用它。

我能很快掌握 MATLAB 语言的"逻辑"，要得益于先前的编程工作经历。而很多没有编程背景的同事要费尽九牛二虎之力，才能初步掌握把概念性想法转化为 MATLAB 语言的技巧。本书的目的在于帮助人们学会用 MAT-LAB 做简单的分析，同时为掌握行为研究中必备的技能——数据分析奠定基础。

本书采用一种有效的"用中学"方法：先给出一个数据集，同时提出问题，然后一起解决问题。在每章的结尾，我会给出一组类似的问题，留给你们自己解决，并在书后附有参考答案。在书末，我也提供了一些新的数据集和对应的习题，给你们留出思考空间，运用自己新获得的MATLAB技能来解决问题。不过，我还是会提供必要的指导，借此展示MATLAB的广度和灵活性。最后我建议，如果可能的话，尽量跟朋友一起来学习这本书。每个人都有自己的学习风格和学习能力，有些主题对一个人来说富有挑战，对另一个人来说就轻而易举，反之亦然。当需要有人助你一臂之力时，那么与人共同学习是非常有意义的。与人共同学习，你无需点灯熬夜，也不必独自承受挫败带来的沮丧。

我的研究领域是实验心理学/认知神经科学，希望本书能帮助到行为研究中各个领域的研究人员。尽管如此，对于非行为研究人员，本书也可以作为入门读本，甚至作为编程基础的概述和介绍。

在本书开始之前，首先要感谢我的家人以及艾伯塔大学和德国汉堡大学艾本多夫医学中心的同事们对我的支持，还要特别感谢 Yvonne Chen 对我的鼓励和建议，以及 Eric Legge 和 Jean-François Nankoo 在本书草稿阶段给我的反馈意见。我还想感谢 Leanna Cruikshank 和 Mayank Rehani，没有他们，我意识不到本书的重要性。最后，我想感谢 Jeremy Caplan 带我进入研究领域，并接触到MATLAB。

www.sagepub.com/madan 网站有本书用到的所有数据。

克里斯托夫·R.马登

致 谢

SAGE 和作者接受了审稿人的建议，感谢他们：

Britt Anderson，滑铁卢大学

Jake Clements，纽约州立大学杰纳苏学院

Ione Fine，华盛顿大学

Alen Hajnal，PhD，南密西西比大学

Joseph G. Johnson，迈阿密大学

Frank Schieber，南达科他大学

Paul R. Schrater，明尼苏达大学

Thomas Serre，布朗大学

Arthur G. Shapiro，美国大学

Pascal Wallisch，纽约大学

目 录

第 1 章

MATLAB 基础

学骑自行车之前（不是摔跟头的时候哦），我们首先要了解自行车的性能和基本操作。学习 MATLAB 也是如此。在踏上愉快的学习旅程之前，我们也要先了解 MATLAB 的性能和基本操作。

1.1 MATLAB 概述

MATLAB 是 MATrix LABoratory（矩阵实验室）的缩写，由 MathWorks 公司（http://www.mathworks.com）开发。MATLAB 的最大优势在于它能够轻松地处理大数据并绘制图形，最终实现复杂的分析和建模功能。简而言之，MATLAB 专用于简化复杂的数值计算。

1.1.1 为什么把 MATLAB 用于行为研究？

除非你的导师或研究主管指定，否则在学习 MATLAB 之前你可能有一个疑问：为什么不用微软 Excel® 或 IBM SPSS® 进行数据分析，而要用 MAT-LAB 呢？对行为研究人员来说，这些软件也是非常有用的工具，但是它们多以图形化为导向，进行多步分析或重复分析时不如 MATLAB 高效（例如，求同一条件下一个受试者多次试验的平均表现，为进行统计比较，随后对各个受试者重复同样的过程）。MATLAB尤其擅长生成能够达到出版水平的图形，且无需多少手动操作。使用MATLAB，可以通过命令很方便地调整图形的所有设置，而不用每次绘制新图形时都手动调整。

通过加载第三方工具箱（详见9.2.3节），在MATLAB中可实现Excel和SPSS所不能实现的分析，如圆形分布统计、数学模型仿真、影像学数据分析。你还可以用MATLAB做实验和收集数据，当然现在这些对我们来说有点儿超前。MATLAB的学习曲线比Excel或SPSS的学习曲线更陡些。事实也证明，作为学者，不管是做学术研究还是在企业中发展，能够轻松地处理大数据都不啻为一项非常实用的技能。此外，尽管MATLAB的学习曲线比较陡，但如果采用"问题驱动"的方式来学习，而不是只抽象地学习它的各种功能，这个学习过程就会轻松得多。仅此而言，当你打算使用MATLAB做行为研究时，手头的这本书将是你最忠实的伙伴。

|1.2| 准备工作

开始之前，先要确保迈出正确的一步。MATLAB主要使用命令行界面，在这里可以输入编程语言。不过，MATLAB也含有多个窗口的图形用户界面（GUI），其中包括命令窗口、历史命令窗口等。

1.2.1 桌面布局

MATLAB默认的桌面布局如图1-1所示。逐渐熟悉以后，还可以按照个人偏好来调整桌面布局。在MATLAB中，点击"桌面"的顶部菜单栏，选择想添加/删除的窗口名称来启用/禁用窗口。但是，如果不小心关闭了某些窗口，可以进入顶部菜单栏里的"桌面布局"，选择"默认"，快速重置桌面布局（见图1-2）。

MENUBAR（菜单栏）		
	CURRENT FOLDER（PATH）（当前目录窗口）	
SHORTCUTS（快捷方式）		
CURRENT FOLDER （CONTENTS） （当前目录）	COMMAND WINDOW （命令窗口）	WORKSPACE （工作空间）
		COMMAND HISTORY （历史命令窗口）
BUSY/READY STATUS（工作/准备状态）		

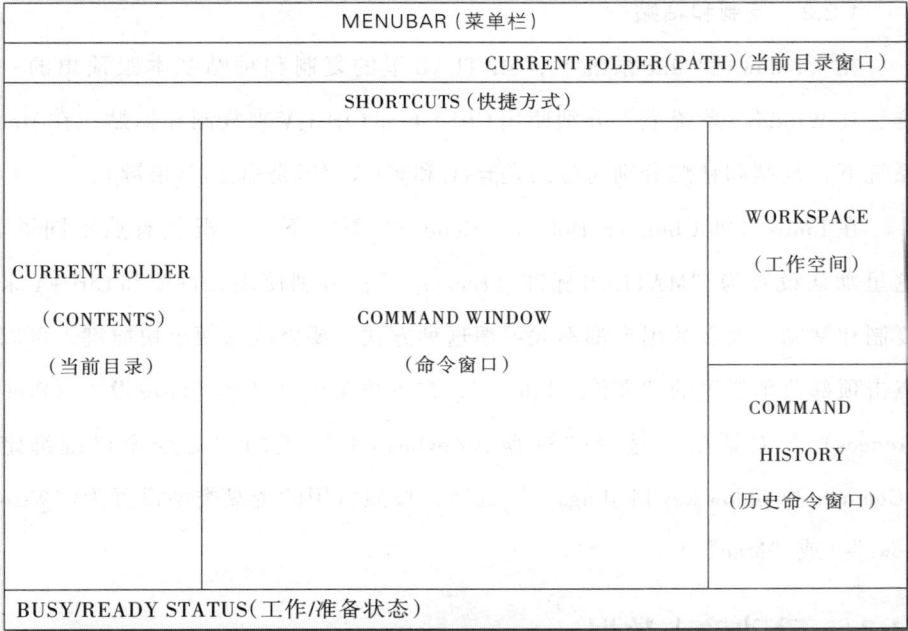

图1-1　MATLAB默认桌面布局

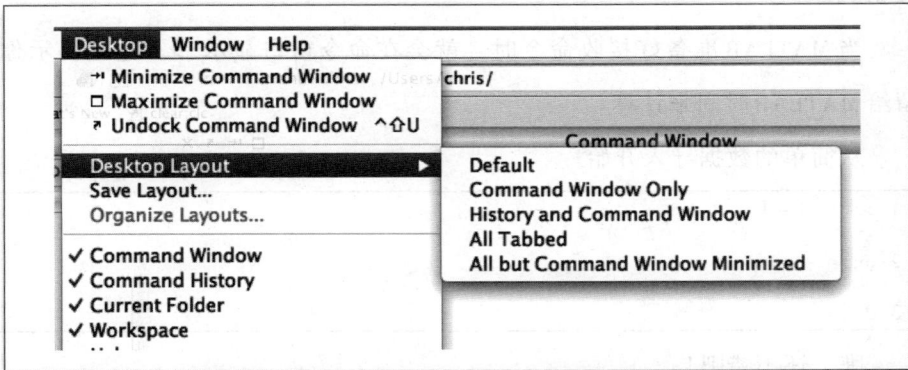

图1-2　重置桌面布局

1.2.2 复制和粘贴

在 Windows 和 Mac 系统下，MATLAB 里的复制和粘贴基本跟预想的一样。在 Windows 系统下，分别使用 Ctrl + C 和 Ctrl + V 来复制和粘贴；在 Mac 系统下，复制和粘贴分别对应的是⌘+C 和⌘+ V （⌘是命令/苹果键）。

在 Linux（如 Ubuntu，Debian，CentOS）系统下，情况就有点不同了。这里默认设置为"MATLAB 标准（Emacs）"，分别使用 Alt+W 和 Ctrl +Y 来复制和粘贴，大多数用户都不太习惯这种方式。要修改这两个快捷键，可以点击顶部菜单栏里的"文件（File）"，在下拉菜单里打开"环境设置（Preferences）"对话框。选择"键盘（Keyboard）"里的"命令窗口键绑定（Command window key bindings）"选项，按照所用的键盘类型设置为"Windows"（或"Mac"）。

|1.3| 手动输入数据

一切就绪，马上开始！先来认识 MATLAB 界面，试着导入一些原始数据。

当 MATLAB 准备好接收命令时，就会在命令窗口显示>>。这是提示你留给 MATLAB 时间来计算。

从简单的数据导入开始。

```
1 >>    1 + 1
2 ans =
3 2
```

瞧，还不错吧！

如果没有指定变量，MATLAB会暂时把计算结果存储为ans。在一般情况下，尽量避免在命令中使用ans，因为在工作时，ans的值不断跟着改变，从而导致建立在其基础上的代码不可靠。

与其任意选取数据输入，不如从公开发表的文献中选取一个实例。简单地说，从大学生中抽样得到一个IQ（智商）和脑容量数组成的数据集，目的是检验两者的相关性。确切地说，就是脑容量越大智商就越高吗？在这项研究中，Willerman，Schultz，Rutledge和Bigler（1991）抽取40名普通心理学专业的学生参与完成一次IQ测验（见书后参考文献部分）。要求在IQ测验中得分较高的受试者（IQ>130）或得分较低的受试者（IQ<103）继续参与第二个环节，即用MRI（核磁共振成像）扫描仪扫描并收集他们的大脑图像。研究者从MRI图像中删除对应头骨和脑膜的部分，只留下对应脑组织的那部分图像（像素）。个体的脑容量用对应于受试者大脑图像的面积之和来表示。在剔除性别和体型（包括身高和体重）的影响后，研究人员发现IQ和脑容量有很强的相关性。现在，先在MATLAB中手动输入10个受试者的IQ和脑容量数据以熟悉MATLAB。第2章我们将学习直接加载数据文件。

要把一列数据作为变量输入，需用方括号（［］）括住值列表，用逗号（,）将值隔开，通过等号（=）赋值给变量iq（不是ans），并存储在变量里。为此，输入：

```
1  >> iq =［133,140,139,133,137,99,138,92,89,133］
2  iq =
3  133  140  139  133  137  99  138  92  89  133
```

这样在 MATLAB 中得到了一行值，它们存储在名为 iq 的变量中。值之间的逗号也可以用空格来代替。但是，若想把值存为一列，可以用分号（;）。

```
1  >> iq = [133  140  139  133  137  99  138  92  89  133]
2  iq =
3  133  140  139  133  137  99  138  92  89  133
4  >> iq2 = [133;140;139;133;137;99;138;92;89;133]
5  iq2 =
6  133
7  140
8  139
9  133
10 137
11 99
12 138
13 92
14 89
15 133
```

用空格代替逗号，代码更易于阅读，但它们是等效的，甚至可以逗号和空格一起用。不过从现在开始，本书中只用空格，因为这样可以使代码看起来更整洁。

```
1  >> iq = [133, 140, 139, 133, 137, 99, 138, 92, 89, 133]
2  iq =
3  133  140  139  133  137  99  138  92  89  133
```

贴士#2

也可以在其他文本编辑器中编写好MATLAB代码（如记事本），然后粘贴到MATLAB的命令窗口。第5章我们将学习自动执行命令。

要定义变量为一个单值，就不必用方括号了。将brain设置为第一个受试者的脑容量（单位是MRI中对应脑容量的像素数）。

```
1  >> brain = 816932
2  brain =
3  816932
```

现在输入10个受试者的脑容量，定义为变量brain。

```
1  >>  brain =[816932    1001121    1038437    965353    951545    928799    991305
854258 ...
2  904858    955466 ]
3  brain =
4  Columns 1 through 5
5  816932    1001121    1038437    965353    951545
6  Columns 6 through 10
7  928799    991305    854258    904858    955466
```

贴士#3

当行代码很长时，可以用…续行。

还可以用方括号（［］）合并（连接）变量。例如，把IQ和脑容量数据合并为一个变量，让一个变量接在另一个后面。

```
1  >> iqbrain = [ iq brain ]
2  iqbrain =
3  Columns 1 through 5
```

```
4  133    140    139    133    137
5  Columns 6 through 10
6    99    138    92    89    133
7  Columns 11 through 15
8  816932    1001121    1038437    965353    951545
9  Columns 16 through 20
10  928799    991305    854258    904858    955466
```

这组数据没太大用处。不过，如果用逗号（,）和分号（;）输入变量，就可以建立一个二维矩阵，每列代表一个受试者的 IQ 和脑容量。把这个矩阵记作 iqbrain。

```
1  >> iqbrain = [ iq; brain ]
2  iqbrain =
3  Columns 1 through 5
4  133    140    139    133    137
5  816932    1001121    1038437    965353    951545
6  Columns 6 through 10
7  99    138    92    89    133
8  928799    991305    854258    904858    955466
```

这个过程也可以一步完成。例如，构造一个 2×10 矩阵，第一行表示 IQ，第二行代表脑容量（如上）。

```
1  >> iqbrain = [133    140    139    133    137    99    138    92    89    133; ...
2  816932    1001121    1038437    965353    951545    928799    991305    854258 ...
3  904858    955466 ]
4  iqbrain =
5  Columns 1 through 5
```

```
6  133    140    139    13   3   137
7  816932    1001121    1038437    965353    951545
8  Columns 6 through 10
9  99    138    92    89    133
10  928799    991305    854258    904858    955466
```

接下来将学习：

- 从文件里导入数据；
- 绘制散点图；
- 计算相关系数 。

有时要输入一个特定数列，很长但又非要不可。幸运的是，如果数列中的值按顺序排列，MATLAB可以轻松地省去烦琐的输入过程。例如，如果数列的增量为1，只需输入初值和终值，并用冒号（：）隔开。（马上再回到IQ和脑容量数据）

```
1  >> sub = 1:10
2  sub =
3  1    2    3    4    5    6    7    8    9    10
```

可惜很少有数列只以1递增。不过，只要数列的增量为恒定值，也可以输入初值和终值，在二者之间插入增量，并用冒号隔开。

```
1  >> count = 1:0.5:4
2  count =
3  1.0000    1.5000    2.0000    2.5000    3.0000    3.5000    4.0000
4  >> count = 0:100:500
5  count =
6  0    100    200    300    400    500
7  >> count = 10:-1:1
```

```
8  count =

9  10  9  8  7  6  5  4  3  2  1
```

|1.4| MATLAB约定

1.4.1 分号

分号至关重要！每次在MATLAB里执行命令时，都可以在命令后面加上分号，来阻止MATLAB输出结果。命令仍在运行，但不输出命令的结果。一旦发生错误，要第一时间删除分号。

```
1  >> sub = 1

2  sub =

3  1

4  >> sub = 1;
```

贴士#4

> 即使阻止结果输出，命令仍会影响变量ans的存储内容。

请记住，分号也可用于方括号［ ］中来分隔行！

此外，只要输入变量名，就能看到变量中存储的数据。

```
1  >> sub

2  sub =

3  1
```

1.4.2 工作空间

MATLAB中存储的所有变量都暂存于计算机的内存或者MATLAB的"工作空间"里。为了更好地利用工作空间，有几个重要的函数需要知道。

clear：用于清除工作空间中的所有变量。这个函数非常有用，但要谨慎使用！也可以用 clear sub 清除工作空间中的指定变量（这里指 sub）。

clc：用于清除命令窗口，但是保留所有变量。在粘贴大量代码后相当有用，这样可以及时了解正在进行的工作。

who：用于列出当前工作空间中的所有变量。

下一章我们将学习怎样保存工作空间，以备后用（详见 2.9.1 节）。

|1.5| 变量操作

1.5.1 单值变量

单值变量的数学运算与预想的一样。可惜很难举出简单的实例来说明这些运算是如何进行的，所以该例中的数字是任取的。

```
1  >> A = 2;

2  >> B = 3;

3  >> A + B

4  ans =

5  5

6  >> A − B

7  ans =

8  −1

9  >> A * B

10  ans =

11  6

12  >> A / B

13  ans =

14  0.6667

15  >> (A*A)+B
```

```
16  ans =
17  7
```

1.5.2　取整函数

如果十进制数需要取整，可以考虑使用下列函数：round，floor，ceil。选取哪个最好取决于具体情况。简单地说，round 用于四舍五入取整；floor 用于向左取整；ceil 用于向右取整。

调用这三个函数跟调用 MATLAB 里的其他函数一样，输入函数名后加上要取整的变量名，并用小括号（（））括住。例如，round（A）用于对变量 A 取整。

```
 1  >> A = 1.5;
 2  >> [ round( A ) floor( A ) ceil( A ) ]
 3  ans =
 4  2   1   2
 5  >> B = 6.3;
 6  >> [ round( B ) floor( B ) ceil( B ) ]
 7  ans =
 8  6   6   7
 9  >> C = 4.8;
10  >> [ round( C ) floor( C ) ceil( C ) ]
11  ans =
12  5   4   5
```

|1.6|　变量的数学运算

现在来做数学运算！

1.6.1　加法和减法运算

```
1  >> A = [1   2   3];

2  >> B = [10   23   45];

3  >> A + B

4  ans =

5  11   25   48
```

哇，太简单了！减法几乎如出一辙。

```
1  >> A - B

2  ans =

3  -9 -21 -42
```

1.6.2　乘法和除法运算

现在沿用同样的变量 A 和 B。不能直接用*作向量乘法，因为*指矩阵乘法，这里的向量与之不匹配。就本书而言，这里的向量只是变量，指的是一系列值，所以要用 .*（即点后加星号）。这对应于所谓的元素相乘，即变量 A 的第一个值乘以变量 B 的第一个值，变量 A 的第二个值乘以变量 B 的第二个值，以此类推。千万别忘记星号前面的点哦！

```
1  >> A * B

2  ???   Error using ==> mtimes

3  Inner matrix dimensions must agree.

4  >> A .* B

5  ans =

6  10   46   135
```

关于除法，尽管/不会出现错误，但也没有你想要找的功能。跟乘法一样，也需在斜杠前加点表示除法：./。

```
1 >> A / B

2 ans =

3 0.0720

4 >> A ./ B

5 ans =

6 0.1000    0.0870    0.0667
```

贴士＃5

除非在做线性代数，否则 .* 和 ./ 才是想要的。

1.6.3　变量转置

要把行变量"转置"为列变量（或反之亦然），可在变量后加撇号
（'）。

```
1 >> A = [4   5   9   3]

2 A =

3 4   5   9   3

4 >> A'

5 ans =

6 4

7 5

8 9

9 3
```

请注意，转置变量与旋转矩阵不是一回事。转置是沿着对角线旋转整个
矩阵，于是第一行的值反而变成第一列的值。用前面包含 IQ 和脑容量数据
的变量 iqbrain 来解释。

```
1  >> iqbrain

2  iqbrain =

3  Columns 1 through 5

4  133   140   139   133   137

5  816932   1001121   1038437   965353   951545

6  Columns 6 through 10

7  99   138   92   89   133

8  928799   991305   854258   904858   955466

9  >> iqbrain'

10  ans =

11  133   816932

12  140   1001121

13  139   1038437

14  133   965353

15  137   951545

16  99   928799

17  138   991305

18  92   854258

19  89   904858

20  133   955466
```

若只是简单地旋转 iqbrain 中的数据，得到的要么是：

```
1  133   955466

2  89   904858

3  92   854258

4  138   991305
```

```
5 99     928799
6 137    951545
7 133    965353
8 139    1038437
9 140    1001121
10 133 816932
```

要么是：

```
1 Columns 1 through 5
2 955466    904858    854258    991305    928799
3 133    89    92    138    99
4 Columns 6 through 10
5 951545    965353    1038437    1001121    816932
6 137    133    139    140    133
```

贴士# 6

如果确实要旋转矩阵，可查看rot90。

|1.7| 数据提取

当矩阵中有很多值时，有时只需调用其中的一个数据子集。在通常情况下，这意味着要查找一个单值、一个单行/列、几行/列的组合，或数据集的某些维度。

对初学者来说，给定一个二维的数据矩阵，数据完全按照网格排列，第一个维度表示行数，第二个维度表示列数。

该回到含有IQ和脑容量的变量iqbrain上了！首先转置数据，使每行分别对应每个受试者的IQ和脑容量，而不再是IQ行和脑容量行。

```
1  >> iqbrain = iqbrain'

2  Iqbrain =

3  133  816932

4  140  1001121

5  139  1038437

6  133  965353

7  137  951545

8  99  928799

9  138  991305

10  92  854258

11  89  904858

12  133  955466
```

这样看起来是不是比以前更舒服些？

接下来，从数据中调取特定值。要得到某个维度的所有值，只需用冒号（:）就够了。当想得到某个维度上的特定子集时，需要建立一个描述该子集的变量——要么在方括号（［ ］）中列出变量的值，要么设定变量的初值和终值，用冒号（:）隔开。还可以用 end 来表示最后一行的行数或最后一列的列数。这里还以已命名的变量 iqbrain 为例来说明。

首先，我们只获取 IQ 分数，这些应该存储在 iqbrain 的第一列（此处原文为行，疑有误——译者注），然后我们再获取第三个受试者的 IQ 和脑容量数据。

```
1  >> iqbrain(:,1)

2  ans =

3  133

4  140
```

```
5   139

6   133

7   137

8   99

9   138

10  92

11  89

12    133

13  >> iqbrain(3,:)

14  ans =

15  139    1038437
```

重要的是，第一个位置指定行，第二个位置指定列。同时，请注意：在 MATLAB 里索引从 1 开始。对没有编程经验的人来说这似乎是理所应当的，但是必须指出在许多其他编程语言中都用 0 作为第一个索引。

还要记住在 MATLAB 里变量名要区分大小写。你要是忘记了，就会出错。或者，更糟糕的情况是，假如正好有另一个名为 IQBrain 的变量（通常不会发生这种事），就会得到错误的值。

```
1  >> IQBrain(3,:)

2  ???   Undefined variable IQBrain.
```

再从数据集中提取更具体的一些值：比如第 5 个受试者的脑容量，第 8~10 个受试者的 IQ 分数，以及第 4 个和第 7 个受试者的脑容量。

```
1  >> iqbrain(5,2)

2  ans =

3  951545

4  >> iqbrain(8:10,1)
```

```
 5  ans =

 6  92

 7  89

 8   133

 9  >> iqbrain([4   7],2)

10  ans =

11  965353

12  991305
```

请注意：在提取第 8～10 个受试者的 IQ 分数时，我们用 8：10 建立了一个值为［8 9 10］的向量。类似地，在提取第 4 个和第 7 个受试者的脑容量时，须用方括号（［ ］）来生成向量。没有方括号，MATLAB 便不能理解我们的意图，就会出错。

```
 1  >> 8:10

 2  ans =

 3  8   9 10

 4  >> [4   7]

 5  ans =

 6  4   7

 7  >> 4   7

 8  ???   4   7

 9  |

10  Error: Unexpected MATLAB expression.
```

我们没有理由局限于二维矩阵。举例来说，假定有第二组受试者的IQ和脑容量的数据，如老年人的样本，可将它添加到已有的变量后生成一个三维变量。现在不必为此担心，记住这点就行。

再试一个：如果想修改变量中特定索引位置的值，比如发现输入错误，该怎么办呢？试着把第9个受试者的脑容量设为"100"，再改回初始值——因为当前值是正确的。指定要更改的索引，就可以改变特定索引中的值，并用"="告诉MATLAB所赋的值。

```
1  >> iqbrain(9,2)

2  ans =

3  904858

4  >> iqbrain(9,2) = 100

5  iqbrain =

6  133    816932

7  140    1001121

8  139    1038437

9  133    965353

10 137    951545

11 99     928799

12 138    991305

13 92     854258

14 89     100

15 133    955466

16 >> iqbrain(9,2) = 904858
```

MATLAB 数据

在第 1 章中，我们还需要手动输入样本数据。显然，这种方式持续不了太久，在第 2 章，我们学习使用函数以及把现有数据导入和导出 MATLAB。

|2.1| 函数

开始之前，先来了解"函数"。函数是指一系列 MATLAB 命令，这些命令被写入并作为单独文件保存以方便执行。现在学习使用 MATLAB 函数，5.8 节我们将学习自定义函数。

贴士# 9

"目录"是文件夹的别称。

简而言之，要在计算机上访问文件，不管是哪种操作系统，计算机里都有一个"目录结构"，其中目录之间相互嵌套，以便于更好地管理文件。例如，桌面文件夹通常在用户文件夹里，用户文件夹中包含"我的文档"文件夹和音乐文件夹。访问音乐文件的路径包括用户文件夹、音乐文件夹，以及音乐文件源自的艺术家和专辑名称。

|2.2| 路径

要访问MATLAB函数，需要把它们放在特定的目录里。所有函数作为MATLAB的一部分已经包括在其中，随时待用。不过，要想添加自定义函数，比如本书里的函数，需要把它们放在合适的位置。

在MATLAB中输入path，就会在计算机里列出所有可供访问的MATLAB函数的存储目录。

```
1  >> path
2  MATLABPATH
3  /Users/chris/matlab
4  /Users/chris/Documents/matlab
5  /Applications/MATLAB.app/toolbox/matlab/general
6  /Applications/MATLAB.app/toolbox/matlab/ops
7  /Applications/MATLAB.app/toolbox/matlab/lang
8  /Applications/MATLAB.app/toolbox/matlab/elmat
9  /Applications/MATLAB.app/toolbox/matlab/randfun
10 ...
```

这个列表相当长，所以只在示例中列出前些行。

2.2.1 自定义函数文件夹

上面列出的文件夹大都放在MATLAB自身所在的主文件夹里，你或许不想把"自定义"函数放在那儿。为此，当MATLAB加载时，会自动添加两个特定的文件夹，但前提是这些文件夹已经存在。文件夹的位置取决于所使用的操作系统。由于Windows、Mac OS X和Linux使用的目录结构不同，这样就会带来混乱。基于不同的操作系统，用户文件夹的位置如下所示。下面的示例基于我自己的用户名：

Windows Path：C：\Users\Chris\

Mac OS X Path：/Users/chris/

Linux Path：/home/chris/

方便的是，在Mac OS X和Linux系统中，可以用~（"波浪号"）来表示用户文件夹（因为它们建立在共同的前驱操作系统上）。在计算机上通过文件和文件夹导航时，这个符号特别有用。Windows用户也不要发愁，下一节提到的功能足以弥补这点不足。

现在，我们知道用户文件夹的位置，就可以访问自定义的MATLAB文件夹。该文件夹在下面两个地方之一。

Folder 1：Directly in your user directory

Path：~\matlab\

Folder 2：In your documents

Windows Path：~\My Documents\matlab\

Mac OS X and Linux Path：~/Documents/matlab/

贴士#10

若不确定自定义函数的文件夹的位置，可用userpath来查看。

了解自定义函数应该存放的位置，就可以到网站http：//www.sagepub.com/madan/下载本书配套的文件，并解压。以后示例中都假设已把文件提取到桌面上名为"matlabintro"的文件夹中。

现在，应该从本书配套文件的functions文件夹中把文件复制到自定义函数的文件夹中。要检测操作是否成功，可在MATLAB中输入im-bwelcome。

```
1  >> imbwelcome
2  Congratulations, you have successfully installed the MATLAB functions
3  from "An Introduction to MATLAB for Behavioral Researchers."
```

为方便起见，本书中的函数都以"imb"为前缀。

2.2.2　当前工作目录

尽管从任何地方都可以访问 MATLAB 函数以及本书配套的函数，但在做分析时还是希望这些函数都放在特定文件夹中。确切地说，当保存图形或者从 MATLAB 中导出文本文件时，不愿把它们随意存放在计算机里。但是保存之前，必须先找到当前目录。MATLAB 里有个专为此开发的函数，称为 pwd 函数，或"present working directory"。

```
1  >> pwd
2  ans =
3  /Users/chris/Documents/matlab/
```

也可以用 dir 和 ls 让 MATLAB 列出当前文件夹的内容。

```
1  >> ls
2  fillPage.m imbspear.m imbwelcome.m
3  fillPage_license.txt imbtcdf.m randblock.m
4  imbcorr.m imbtinv.m randblock_license.txt
5  imbhex2color.m imbttest.m
6  imbmatlab2txt.m imbttest2.m
7  >> dir
8  . imbhex2color.m imbttest2.m
9  .. imbmatlab2txt.m imbwelcome.m
10 .DS_Store imbspear.m randblock.m
11 fillPage.m imbtcdf.m randblock_license.txt
```

```
12 fillPage_license.txt imbtinv.m
13 imbcorr.m imbttest.m
```

|2.3| 新型变量：字符串

第1章我们只了解了一种变量类型：数字。（为了方便编程，MATLAB中有很多不同类型的数字变量，但是目前不必为此担心。）不过，你可能已经注意到在使用pwd时，MATLAB通过变量ans返回到当前目录的路径。这是因为pwd函数的输出结果是一个字符串。

```
1  >> here = pwd
2  here =
3  /Users/chris/Documents/matlab
```

在字符串中，每个字母都有自己的索引。

```
1  >> here(1:15)
2  ans =
3  /Users/chris/Do
4  >> here(20:end)
5  ans =
6  nts/matlab
```

也可以用单引号自定义字符串。

```
1  >> string =This is my first string!
2  string =
3  This is my first string!
4  >> hello =Hello MATLAB!
5  hello =
6  Hello MATLAB!
```

你可能在想："为什么现在学字符串呢？"好吧，要告诉MATLAB数据文件夹的路径，必须以字符串的形式告诉MATLAB文件夹的名称。以后还我们将学习用字符串来设置图形。特别是，图形中的标题和轴标签要定义为字符串。第4章我们将讨论绘图。

| 2.4 | 导航目录

现在我们知道当前位置，就可以考虑目标位置，比如说实验数据所在的文件夹。

2.4.1 GUI方法

在MATLAB中导航到另一个文件夹的一种方式就是通过GUI（图形用户界面）。在MATLAB窗口的顶部，有一栏称为"当前目录"（见图2-1）。在这里显示当前位置，跟pwd类似，而且还有一个标记为"…"的按钮。如果点击这个按钮，就会弹出一个对话框，导航到目标位置，跟其他程序一样。

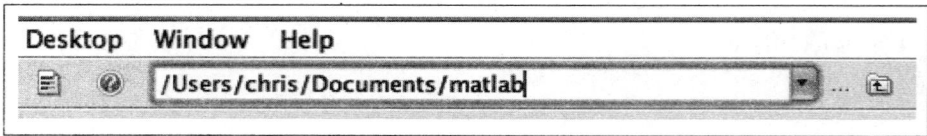

图2-1 用GUI改变MATLAB的工作目录

2.4.2 命令行方法

通过GUI导航到另一个文件夹固然很好用，不过在MATLAB中几乎所有的操作都是通过命令来完成的，而且从长远来看，使用MATLAB命令可能更方便。为此，我们可用命令cd（即"更改目录"）。输入cd（..）回到上一个目录。下面我们举例说明如何在文件中导航。

```
1  >> cd(' .. /.. ' )

2  >> dir

3  Applications Downloads Movies Public

4  Desktop Library Music Sites

5  Documents MATLAB Pictures

6  >> cd(' Desktop/matlabintro/ ' )

7  >> pwd

8  ans =

9  /Users/chris/Desktop/matlabintro
```

注意：可同时更改多个文件夹。

尽管 MATLAB 也允许不加括号和单引号输入相同的命令，但是，大多数 MATLAB 函数不允许这样，为了保持一致性，本书都使用括号，而省略了单引号。

```
1 >> cd(' ../.. ')

2  >> cd(' Desktop/matlabintro' )
```

2.4.3 返回主页

既然可以在计算机的文件结构中浏览，那么快速回到主目录是非常有用的。如前所述，在 Mac OS X 和 Linux 系统下，MATLAB 用 "～" 表示用户/主目录路径。

```
1  >> cd(' ～ ')

2  >> pwd

3  ans =

4  /Users/chris
```

也可以前往相对主目录的路径。例如："~/Desktop"。

|2.5| 按TAB完成输入

如果正在输入变量名、变量和目录路径，你可能会因为有些输入名称太长而感到恼火！你需要学会轻松地自动输入长名称，而不是整理所有的文件夹，当然这种想法也值得考虑。你只要输入名称的前几个字母，然后按下键盘上的"TAB"键就行了。如果只有一个备选项，MATLAB会自动输完剩余的名称。如果有多个备选项，MATLAB不能确定哪个选项是正确的，它就会弹出一个黄色窗口（如图2-2所示）。这时，可以继续输入名称或用箭头键在列表中上下移动，按"回车"键选定名称。

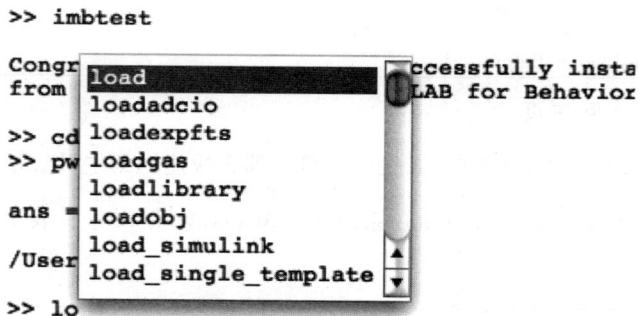

```
>> imbtest

Congr  load              ccessfully insta
from   loadadcio         LAB for Behavior
>> cd  loadexpfts
>> pw  loadgas
       loadlibrary
ans =  loadobj
       load_simulink
/User  load_single_template
>> lo
```

图2-2　有多个备选项时弹出的窗口

使用上下箭头，还可以在以前的命令中循环。若输入前几个字符，可以把搜索范围缩小到以前用过的且字符匹配的命令上。

|2.6| 打开数据文件

做任何分析前，我们首先要把数据导入MATLAB。既然可以导航到数据文件夹，那么我们就要知道如何在MATLAB工作区打开数据文件。有几种方法可供使用，如load、dlmread或textscan，也可以更直接地使用文件。

2.6.1 load函数

load是MATLAB中加载数据的主要函数。数据可以是用制表符或逗号作为列分隔符的文本文件，也可以是MATLAB自身的.mat格式的文件。下一节我们将学习建立.mat格式的文件。

让用书中提供的样本数据来尝试一下。

```
1  >> cd('~/Desktop/matlabintro')

2  >> ls

3  data functions

4  >> cd('data')

5  >> dir

6  2dpeck decision1 demo iqbrain

7  bristol decision2 eyetrack worddb

8  >> cd('iqbrain')

9  >> ls

10 data.txt data_legend.txt datawheaders.txt

11 >> load('data.txt')
```

当你使用load时，数据会存储在与源文件同名的变量中，在本例中，变量名为data。当然，你也可以另外指定存储数据的变量名。

```
1  >> iqbrain = load('data.txt')
```

如果你查看存储在变量 iqbrain 中的数据，就会发现这些数据与我们在第 1 章使用过的数据一样，只是增加了一些列和受试者。关于各列的更多内容可参看文件 data_legend.txt。当时，我发现手动输入 10 个受试者的智商和脑容量（主要指标）已经足够多了。你还要注意，文件中会用"NaN"标记缺失的值。现在不必担心，在 3.8 节我们将会学到这些。

贴士# 13

有些函数也可以用其他方式访问。例如，你可以输入"load data.txt"，不用括号或引号，但大多数函数不能这样用。为了保持前后一致，在示例中我会一直使用括号。

2.6.2　dlmread 函数

有时我们需要更多的控制功能，比 load 所能提供的功能还多。另外，从函数名来看，dlmread 和 load 之间的主要区别是很明显的：dlmread 可"读取"指定"分隔符"的文件，即用什么符号分隔列。若不指定特定的分隔符，dlmread 跟 load 功能相似。

dlmread 是第一个可输入多个参数的函数，参数之间用逗号隔开。这里可以指定要导入 MATLAB 的数据的文件名，指定列的分隔符，以及所读取的文件的起始行和起始列。与 MATLAB 的其他地方不同，dlmread 中的行和列的索引从 0 开始。结合这些参数，可以这样使用函数 dlmread（文件名、分隔符、起始行、起始列）。

在使用实际数据时，我们可读入带列标题的 IQ 和脑容量数据，不过也可以跳过这些行。

```
1  >> dlmread('datawheaders.txt', '' ,1 ,0)
```

用这个命令，可从文件"datawheaders.txt"的第二行第一列开始读取数据，并用空格作为分隔符。

2.6.3 textscan 函数

尽管 load 和 dlmread 可广泛适用于各种数据文件，但如果数据中含有文本（不只在标题中），它们就失效了。

贴士#14

> 初用 textscan 会让人望而却步。可以跳过这部分，以后再来学习。

马上来尝试一下，学习用另一个函数 textscan 把数据导入 MATLAB。离开 iqbrain 目录，前往一个名为 worddb 的文件。该数据源于另一项研究，这里研究人员建立了一个词数据库（因此命名为"worddb"）。

在这项研究中，Janschewitz（2008）选取了美国一所大学的 84 名学生，让他们在多个尺度上为大样本词汇评分，目的是以后使用这种标准化数据库去设计研究，以便更好地控制刺激。具体说来，这些词汇包括正性词（如蛋糕、有魅力的、盈利），负性词（如污垢、恐怖、蟑螂），禁忌词和中性词。选择不同的中性词作为一般词类的一部分（与家居用品相关）或与之无关的。正性词和负性词也被细分为较高或较低情绪唤醒，共 7 种词汇类型。该词汇数据库主要是纳入了禁忌词，这样在以后的研究中就能更好地与其他词汇相匹配。（若对词汇选择/学习动机相关的更多内容感兴趣，可参看 Janschewitz，2008）。

受试者按 7 种尺度给 460 个词汇评分。每种尺度范围从 1 到 9，最高评分为 9。这 7 种尺度如下：（1）个人使用率，受试者使用词汇的频率；（2）熟悉度，受试者听到或读到词汇的频率；（3）冒犯性，词汇对受试者的冒犯程度/伤害程度；（4）禁忌度，受试者认为词汇总体上对人们的冒犯程度/伤害程度；（5）情绪效价，受试者认为词汇的正性程度（9=非常积极）或负性程度（即好与坏）。（6）情绪唤醒度，词汇激活的兴奋度或关注度；（7）表象性，词汇形成心理表象的难易程度。（关于这些尺度的精确措辞，可参看 Janschewitz，2008 附录 A。）除了评分，Janschewitz（2008）中的词汇数据库也纳入了每个词汇的字母数和音节数，词频（词汇在英语中出现的频率（每百万词），在先验数据库求出，如果有的话；"K&F-Freq."），以及从另一个先验数据库得到的效价和唤醒度评分（如果有的话；"ANEW-Valence" 和 "ANEW-Arousal"）。

好了，了解数据库的内容后，我们在 MATLAB 里打开它。我们先来试试 load，看看会发生什么事情。

```
1  >> load('JanschewitzB386appB.txt')

2  ???  Error using ==> load

3  Number of columns on line 1 of ASCII file

4  /Users/chris/Desktop/matlabintro/data/worddb/JanschewitzB386appB.txt

5  must be the same as previous lines.
```

如上所示，load 不好用。原因在于，该文本文件中含有大量的文本，而 MATLAB 又不知道怎样正确读取文件。在进一步操作之前，让我们先打开文件，这样才会清楚要用什么。文件如下所示：

```
1  Appendix B

2  Word Ratings and Associated Statistics（All Participants）

3

4  Word Type Letters Syllables K&F ANEW Per...

5  Freq. Valence Arousal Mean

6  ...

7  angel pos lo ar    5    2    18    7.53    4.83    4.25
```

8	bath pos lo ar	4	1	26	7.33	4.16	4.86
9	beauty pos lo ar	6	2	71	7.82	4.95	5.96
10	...						
11	alone neg lo ar	5	2	195	2.41	4.83	5.55
12	blister neg lo ar	7	2	3	2.88	4.10	3.71
13	broken neg lo ar	6	2	63	3.05	5.43	5.51
14	...						
15	aloof unrel neu	5	2	5	4.90	4.28	3.00
16	ankle unrel neu	5	2	8	5.27	4.16	4.87
17	arm unrel neu	3	1	94	5.34	3.59	6.00
18	...						
19	Note. Type refers to word type. Abbreviations: pos lo ar = positive...						
20	arousal; unrel neu = category-unrelated neutral; rel neu = category...						
21	ratings from Bradley & Langs (1999) Affective Norms for English Words						

这些行太长了不适合页面，因此只显示前几列。

但愿数据集有意义。首先列出禁忌词，这是 Janschewita（2008）中提供的文本文件的样子，不过我们尽量不过多关注禁忌词。在 MATLAB 中打开这个数据，需要一个比 load 和 dlmread 更基本、更实用的方法。下面，我们先打开文件，然后读取内容，最后关闭。

要打开和关闭文件，可分别用函数 fopen 和 fclose。fopen 打开文件的同时，会将文件 ID 分配给文件。这些函数比较简单，这里不作详细讲解，但输入 help（fopen）可随时查看帮助文件。举个简单的例子，我们只打开和关闭文本文件，不做其他事情。

```
1  >> fid = fopen('JanschewitzB386appB.txt', 'r');
2  >> fclose(fid);
```

打开文件，再关闭文件毫无意义，是吧？在事情变得更复杂之前，我们先这样来做以给自己一个适应过程。

使用 textscan 读入文本文件之前，我们要告诉 MATLAB 哪些列是文本（%s 表示字符串），哪些列是数字（%f 表示 MATLAB 中的一种数字格式类型）。再次查看文件中的各列，我们可发现只有前两列是文本，其他列全是数字。考虑到共有 21 列，这就意味着有 19 列数字。（自己再检查一次！）要创建变量来定义哪些列是字符串，哪些列是数字，需要构造一个由 %s 和 %f 组成的字符串。若两列字符串后面跟着三列数字，我们就可以这样做：

```
1  >> formatstring = ' %s %s %f %f %f ';
```

可惜，这里有 19 列数字，没人愿意输入 19 次 %f。还好，我们可以使用 repmat 函数让 MATLAB 来解决这个问题。repmat 函数可以复制矩阵若干次，像复制行或列一样。repmat 需要三个输入项：第一项是想要复制的值，其后是矩阵在行维度上复制的次数，接着是矩阵在列维度上复制的次数。例如，如果初始值只有一行，那么在 repmat 的后两项输入 5 和 1，我们就会得到一个 5 行的输出矩阵。

```
1  >> in = 123;
2  >> repmat(in,5,1)
3  ans =
4  123
5  123
6  123
7  123
8  123
```

在直接复制 19 次字符之前，让我们再多试用 repmat 函数几次。若在行维上复制字符串5次，我们只要改变变量 in 的值即可。

```
1  >> in= 'test ';

2  >> repmat(in,5,1)

3  ans =

4  test

5  test

6  test

7  test

8  test
```

现在，让我们考虑实际的格式字符串，数字格式需要复制19次，在此之前还要复制2次字符串格式。

```
1 >> repmat(' %f', 1,5)

2  ans =

3  %f %f %f %f %f

4  >> repmat(' %f',1,19)

5  ans =

6  %f %f %f %f %f %f %f %f %f %f %f %f %f %f %f %f %f %f %f

7  >> [' %s %s ' repmat('%f',1,19) ]

8  ans =

9  %s %s %f %f %f %f %f %f %f %f %f %f %f %f %f %f %f %f %f %f %f

10  >> formatstring = ['%s %s ' repmat(' %f', 1, 19) ]

11  formatstring =

12  %s %s %f %f %f %f %f %f %f %f %f %f %f %f %f %f %f %f %f %f %f
```

好了，我们差不多准备好读入文本文件了。下面我列出了列标题作为提醒，仅供参考。

1 Word

2 Type

3 Letters

4 Syllables

5 K&F-Freq.

6 ANEW-Valence

7 ANEW-Arousal

8 Personal Use-Mean

9 Personal Use-SD

10 Familiarity-Mean

11 Familiarity-SD

12 Offensiveness-Mean

13 Offensiveness-SD

14 Tabooness-Mean

15 Tabooness-SD

16 Valence-Mean

17 Valence-SD

18 Arousal-Mean

19 Arousal-SD

20 Imageability-Mean

21 Imageability-SD

textscan 函数有几个重要的选项，即标题数（headerlines）和列分隔符（delimiter）。实际上它是把文本文件读入MATLAB变量。想了解更多textscan函数的内容，你可以使用在第3章即将学习的help函数。

> 如果不直接指定分隔符，textscan 会把任意空格字符视为列分隔符。

请注意，如果格式字符串出了错，你就要再次使用 fopen 和 fclose 重新打开和关闭文件。虽然你可能不会出错，但 MATLAB 会重新排列数据来匹配这个错误格式。参看下面的例子。

```
1  > fid = fopen('JanschewitzB386appB.txt ', 'r ');
2  >> formatstring = ['%s %s ' repmat(' %f ',1,5) ]
3  formatstring =
4  %s %s %f %f %f %f %f
5  >> worddata=textscan(fid,formatstring, 'headerlines ',5, ...
6  'delimiter ', '\t ')
7  worddata =
8  Columns 1 through 4
9  {1392x1 cell} {1392x1 cell} [1392x1 double] [1392x1 double]
10  Columns 5 through 7
11  [1392x1 double] [1392x1 double] [1391x1 double]
12  >> fclose(fid);
```

好，这次让我们来演示正确的操作，总共 21 列。

```
1  >> fid = fopen('JanschewitzB386appB.txt ', 'r ');
2  >> formatstring = ['%s %s ' repmat(' %f ',1,19) ]
3  formatstring =
4  %s %s %f %f %f %f %f %f %f %f %f %f %f %f %f %f %f %f %f %f %f
5  >> worddata=textscan(fid,formatstring, 'headerlines ',5, ...
6  'delimiter ', '\t ')
7  worddata =
```

```
8   Columns 1 through 4

9   {464x1 cell} {464x1 cell} [464x1 double] [464x1 double]

10  Columns 5 through 8

11  [464x1 double] [464x1 double] [464x1 double] [464x1 double]

12  Columns 9 through 12

13  [464x1 double] [464x1 double] [464x1 double] [464x1 double]

14  Columns 13 through 16

15  [464x1 double] [464x1 double] [464x1 double] [464x1 double]

16  Columns 17 through 20

17  [464x1 double] [464x1 double] [464x1 double] [464x1 double]

18  Column 21

19  [463x1 double]

20  >> fclose(fid);
```

让我们回到正确操作 19 个数字列的情形。有两件重要的事情要注意：
（1） worddata 的前两列称为元胞（"cell"），而数字列则称为双精度浮点
数（"double"）；（2）最后一列（第 21 列）在长度上有 463 行，而其他 20 列
却有 464 行。依次来讨论这两点。

元胞变量是将文本数据存储为单个字符的另一种方式，其中文本（即单
词）可以作为一个单独的值来存储。元胞格式也用于在同一变量中存储文本
和数字。下一节，我们将进一步讨论元胞变量。双精度浮点数是 MATLAB
中数字的另一种数据格式。基本在所有情况下，MATLAB 都将数字存储为双
精度浮点数。

让我们查看 worddata 中的数据，worddata 本身也是元胞变量。

```
1   >> worddata(1)

2   ans =
```

```
3  {463x1 cell}
```

请注意：当我们使用元胞变量时，{和}会一直出现。我们可以使用{和}访问元胞变量中的值，而不是常用的（和）。

```
1  >> worddata{1}
2  ans =
3  ...
4  'angel '
5  'bath '
6  'beauty '
7  ...
8  'alone '
9  'blister '
10  'broken '
11  ...
12  'aloof '
13  'ankle '
14  'arm '
15  ...
```

我们也许不想同时看到 worddata 的所有行。试着让 MATLAB 只显示几项，比如第 101 ~ 105 个词。在运行时好像 worddata 的每列本身就是矩阵。

```
1  >> worddata{1}(101:105)
2  ans =
3  'carefree '
4  'caress '
5  'color '
```

```
 6  'cozy '
 7  'dignified '
 8  >> worddata{2}(101:105)
 9  ans =
10  'pos lo ar '
11  'pos lo ar '
12  'pos lo ar '
13  'pos lo ar '
14  'pos lo ar '
```

现在数据的文本部分讨论得已经够多了。不必担心，下一章我们还会继续讨论。你要是记得的话，还有另一个问题：列的长度不一致。这个原因比较简单：查看原始的文本文件，就会发现最后几行是作者的注释。

```
1  Note. Type refers to word type. Abbreviations: pos lo ar = positive...
2  arousal; unrel neu = category-unrelated neutral; rel neu = category...
3  ratings from Bradley & Langs (1999) Affective Norms for English Words
```

可能如你所料，最后这几行与格式字符串不匹配，这会带来点儿小麻烦。尽管把文本文件导入MATLAB之前，我们可以简单地删除这几行，但我决定按论文附录里文件的原样来使用，同时展示MATLAB里的更多技巧。若查看MATLAB的最后几项，我们就可以看到卷尾注释。

```
1  >> worddata{1}(455:end)
2  ans =
3  'table '
4  'terrace '
5  'towel '
```

```
6  'vase '

7  'wash '

8  'window '

9  ''

10 [1x176 char]

11 [1x168 char]

12 [1x71 char]
```

既然实际数据在第 460 行结束（因为那是数据库中的词数），那么我们可以简单地忽略随后的行。

你即将学到：

- 计算实验条件下描述统计量；
- 绘制条形图和散点图；
- 计算推理统计量，如 t 检验和相关系数。

|2.7| 新的变量类型：元胞数组

元胞数组有点儿像一个规则排列的数字和字符串的组合。一个数字数组可以作为行和列中的值，而不用考虑数字的长短；也就是说，其不受每个"索引"对应一个数字的限制。

```
1  >> temp = 123;

2  >> temp(1)

3  ans =

4  123

5  >> temp'

6  temp =

7  123
```

对于字符串，你可以使用字母，但每个字母都有自己的索引。你若想得到几行字母（即每个词占一行），则需用空格填充较短的字符串，使得每行字符长度都相同。

```
1  >> temp ='one';
2  >> temp(1)
3  ans =
4  o
5  >> temp
6  temp =
7  one
8  >> temp(3)
9  ans =
10 e
11 >> temp'
12 ans =
13 o
14 n
15 e
```

使用元胞数组，你可以把由字母组成的字符串存储在一个元胞中，每个单词有自己的索引。

```
1  >> temp = {'one'}
2  temp =
3  'one'
4  >> temp(1)
5  ans =
```

```
6  'one'
7  >> temp
8  ans =
9  'one'
10  >> temp(2)
11  ???  Index exceeds matrix dimensions.
```

如果我们想把多个单词存储在一起，元胞数组就非常有用了。让我们先用字符矩阵尝试一下，以便比较。

```
1  >> temp=['one', 'two']
2  temp =
3  onetwo
4  >> temp'
5  ans =
6  o
7  n
8  e
9  t
10  w
11  o
12  >> temp = ['one'; 'two']
13  temp =
14  one
15  two
16  >> temp'
17  ans =
```

```
18  ot

19  nw

20  eo

21  >> temp = ['one'; 'two'; 'three' ]

22  ???   Error using ==> vertcat

23  CAT arguments dimensions are not consistent.
```

如上所示，当单词长度相同时，如"one"和"two"，使用字符矩阵建立的字符串还可以运行。但是，当单词长度不同时，如"three"，就会出现问题。不过也有办法来解决这个问题，如使用空格填充字符串使单词长度相同。

```
1   >> temp= ['one'; 'two'; 'three' ]

2   temp =

3   one

4   two

5   three

6   >> temp'

7   ans =

8   ott

9   nwh

10  eor

11  e

12  e
```

希望你能注意到使用字符矩阵时会出现的一些问题。让我们试着建立元胞变量，用逗号隔开元素。

```
1   >> temp = {'one', 'two' }
```

```
 2  temp =

 3  'one'  'two'

 4  >> temp'

 5  ans =

 6  'one'

 7  'two'

 8  >> temp = {'one', 'two', 'three'}

 9  temp =

10  'one'  'two'  'three'

11  >> temp(1)

12  ans =

13  'one'

14  >> temp(3)

15  ans =

16  'three'

17  >> temp = {'one'; 'two'; 'three'}

18  temp =

19  'one'

20  'two'

21  'three'
```

使用元胞数组的主要优点是你可以轻松地存储多个字符串，如用单变量来表示单词表（如上节的词数据库所示）。

2.7.1 打开自定义数据文件

虽然我很想说明如何把书中的样本数据加载到 MATLAB 中，但这不是本节的真正目的。本节的目的是学习使用 MATLAB 来做分析。但是，不像这里提供的数据，研究中数据的格式是无法预料的。如果自定义的数据文件中只有数字，那么我们可以简单地用 load 把数据导入 MATLAB，我是这样做的。

贴士＃16

如果你感觉这样做有点儿冒险，可以用类似于 textscan 的方法，先打开文件再加载。这里你再次用 fopen 和 fclose 分别打开和关闭文件。然后你应该使用 fscanf 而不是 textscan。一旦你能够熟练使用 MATLAB，还可进一步查阅这些函数。

你也可以用 xlsread 从微软 Excel 文件（.xls）中直接把数据读入 MATLAB。不过，不同操作系统下的执行方式不一致，而且这取决于你的电脑是否已安装 Excel 软件。由于情况不同，此处不再讨论 xlsrea，请自行查阅。

| 2.8 | 创建新目录

既然要在 MATLAB 中保存和输出数据，你就要知道把数据保存到哪里。2.4.1 节我们学习了导航目录，不过，你还不知道如何创建目录。你可以在 MATLAB 外创建目录，若目录要成为分析的一部分（以后会自动进行分析），那么通过 MATLAB 创建目录就是必不可少的。要创建目录，可使用 mkdir。

```
1  >> pwd
2  ans =
3  /Users/chris/Desktop/matlabintro
4  >> mkdir('test')
5  >> cd('test')
```

```
6  >> pwd

7  ans =

8  /Users/chris/Desktop/matlabintro/test
```

|2.9| 导出数据

能够分析数据当然很好，但这还不够。有时你需要存储数据矩阵方便以后使用，或是从 MATLAB 中完全导出数据。使用代码做分析，复制和粘贴是很重要的，但没人愿意每次对同一数据集进行重新分析（以后我们还会学习自定义分析函数）。

现在，让我们回到 iqbrain 数据集，因为用它更方便。如果还没有加载该数据集，让我们先清空工作空间，再把数据导入 MATLAB。

```
1  >> cd('..')

2  >> cd('iqbrain')

3  >> clear,clc

4  >> iqbrain = load('data.txt');
```

在你用任意方法保存数据之前，都要先回到测试目录，这样才能避免不小心改写原始数据文件（这点在以后非常重要，一定要记住）。

2.9.1 save 函数

你可使用 save 函数把所有变量保存到 MATLAB 工作空间中。

```
1  >> save('everything')
```

你也可以保存指定变量，而不只是保存所有变量。为此，你可列出要保存的变量名，并用单引号括住（以使变量名为字符串）。

```
1  >> save('data', 'iqbrain')
```

　　如果我们的工作空间中有更多变量，我们还可以使用通配符（即"*"）来保存以相同字符开头的所有变量，而不用一一列出。

2.9.2　dlmwrite 函数

把可读数据保存到其他程序的另一种方法是使用 dlmwrite。该函数与 dlmread 类似，不过是输出数据。

```
1  >> dlmwrite('data.txt',iqbrain)
```

dlmwrite 默认用逗号分隔数据列。这通常被称之为"CSV"，就是"comma separated values"的缩写。下面是文本文件的前几行：

```
1  2,133,118,64.5,8.1693e+05

2  1,140,NaN,72.5,1.0011e+06

3  1,139,143,73.3,1.0384e+06

4  1,133,172,68.8,9.6535e+05

5  2,137,147,65,9.5154e+05
```

大多数情况下这样做是有效的，但看上去脑容量数据列转换成科学计数法了。用 %f 格式可以解决这个问题。

```
1  >> dlmwrite('data.txt',iqbrain, 'precision', ' %of '
```

现在，再看前几行，已经好多了。

```
1  2.000000,133.000000,118.000000,64.500000,816932.000000

2  1.000000,140.000000,NaN,72.500000,1001121.000000

3  1.000000,139.000000,143.000000,73.300000,1038437.000000

4  1.000000,133.000000,172.000000,68.800000,965353.000000

5  2.000000,137.000000,147.000000,65.000000,951545.000000
```

好吧，我们现在不用科学计数法了，但也不需要那些小数位。我们可以通过令MATLAB不要小数点来这个问题。

```
1  >> dlmwrite('data.txt',iqbrain, 'precision', '%.0f '
```

让我们再来看看前几行。

```
1  2,133,118,64,816932
2  1,140,NaN,72,1001121
3  1,139,143,73,1038437
4  1,133,172,69,965353
5  2,137,147,65,951545
```

更好了!

现在，与dlmread一样，我们可以指定列分隔符。

```
1  >> dlmwrite('data.txt',iqbrain, 'precision', '%.0f ' , 'delimiter', '\t')
```

不出所料，用跳格键可以分隔列数据:

```
1  2 133    118    64    816932
2  1 140    NaN    72    1001121
3  1 139    143    73    1038437
4  1 133    172    69    965353
5  2 137    147    65    951545
```

2.9.3 控制数据输出

为了更好地控制数据输出，这里另写了一个名为imbmatlab2txt的函数。该函数不仅可以把变量中存储的数据写到文本文件（".txt"）中，还可以为每列指定标题。要指定标题，我们可以用新学到的变量类型"元胞数组"。对于imbmatlab2txt，你需要给列标题加上单引号，把列标题列表作为元胞数组，以此指定标题。函数按以下方式使用：imbmatlab2txt（文件名、数据、标题）。

```
1   >> headers = {'Gender', 'IQ', 'Weight', 'Height', 'BrainSize'};

2   >> imbmatlab2txt('data.txt', iqbrain, headers)

3   Data written to data.txt.
```

让我们看看新建文件的前几行。

1	Gender	IQ Weight	Height	BrainSize
2	2 133	118	64	816932
3	1 140	NaN	72	1001121
4	1 139	143	73	1038437
5	1 133	172	69	965353

太好了，输出文件有标题啦！现在让我们多做一些练习，再接着讨论基本分析。

习题

从 matlabintro 文件夹出发，做下列习题：

1. 建立名为"ch2test"的目录。

2. 转换到新建的目录，列出它的内容，再回到原来的目录。

3. 用字符串保存当前目录的路径。

4. 读入 iqbrain 数据，尽量不参考本章内容。

5. 读入 worddb 数据。

答案参看 6.4 节。本章主要学习如何与 MATLAB 更好地交互，因此没有太多习题。别担心，下章我们将学习做基本分析。

函数复习：

目录函数：pwd dir ls cd mkdir

加载函数：load dlmread textscan fopen fclose xlsread

通用函数：repmat { }

保存函数：save dlmwrite

第3章

基本分析

漫长的等待结束了，你可能迫不及待地要开始实际数据分析。现在，我们已经学习了手动输入数据，在计算机上（通过MATLAB）浏览文件夹，加载并保存数据文件。现在，精彩的部分来了！

在我们开始行动之前，先来认识下以后最常用的一个函数。

|3.1| 帮助

MATLAB具有强大的内置帮助（help），它可以在主命令窗口显示函数的有关信息。Help可以显示函数用法，以及列出一些相关函数。如果你不确定要找的函数名，也猜不出来，MATLAB还提供了函数lookfor。使用lookfor时，只要告诉MATLAB我们想做什么（以关键词的形式），它就会搜索出所有函数的描述及关键词的出处。

例如，如果计算一列值的平均值，你可能想只要用名为"average"的函数就够了，对吧？在微软Excel中，这样做是对的。然而，这不是Excel。在MATLAB中，要使用名为"mean"的函数。如果你还不知道，这正是使用lookfor函数的好机会。即便你知道，也要试用一下lookfor和help。

```
1 >> lookfor  average

2 MEAN Average or mean value.

3 >> help mean

4 MEAN Average or mean value.

5 For vectors, MEAN(X) is the mean value of the elements in X. For

6 matrices, MEAN(X) is a row vector containing the mean value of

7 each column. For N-D arrays, MEAN(X) is the mean value of the

8 elements along the first non-singleton dimension of X.

9

10 MEAN(X,DIM) takes the mean along the dimension DIM of X.

11

12 Example: If X = [0 1 2

13 3 4 5]

14

15 then mean(X,1) is [1.5 2.5 3.5] and mean(X,2) is [1

16 4]

17

18 See also median, std, min, max, var, cov, mode.

19

20 Reference page in Help browser

21 doc mean
```

　　第二个更详细的帮助命令是 doc。使用 doc 函数可以打开一个独立的帮助窗口来查找函数。doc 函数不同于 help，它提供了更详细的函数描述，以及更多的函数应用示例。doc 的示例中不只是文字，还包含图表。

```
1 >> doc mean
```

当你不能确定使用什么函数时，千万不要低估 help 和 doc 的用处。虽然有时晦涩难懂，但它们往往能帮你找到解决问题的方向。

|3.2| 描述统计量

现在我们开始进行简单的分析。常做的计算有求均值、中位数、标准差以及统计值的个数。

mean：求给定数据集的均值。

median：求数据集的中位数。

std：求标准差。

var：求方差。

min：求指定数据集的最小值。

max：求指定数据集的最大值。

sum：求数据集中所有值的和。

leng：求矩阵的长度（只输出矩阵的最大维度）。

size：求矩阵所有维度的长度。

sort：按值大小纵向排序。

当然，使用这些函数时要加上操作变量，比如：求矩阵 M 的平均值用 mean（M）。

现在，让我们再回到 iqbrain 数据集。

```
1 >> iqbrain = load('data.txt');
```

让我们用新的函数来查看矩阵的大小。

```
1 >> length(iqbrain)
```

```
2 ans =

3 40

4 >> size(iqbrain)

5 ans =

6 40 5
```

计算这项研究中受试者的平均智商，只要使用mean函数即可。

```
1 >> mean(iqbrain)

2 ans =

3 1.0e+05 *

4 0.0000 0.0011 NaN NaN 9.0876
```

这似乎不好用。使用函数mean计算的是各列的平均值，然而IQ只是矩阵中的其中一列。回顾第1章，我们已经学过如何只选择一部分数据，这里是第2列。为参考起见，我们也将演示如何选定第5行（这里指受试者），而不是列。

```
1 >> iqbrain(:,2)

2 ans =

3 133

4 140

5 139

6 133

7 137

8 ...

9 >> iqbrain(5,:)

10 ans =

11 2 137 147 65 951545
```

现在，再来调用 mean：

```
1 >> mean(iqbrain(:,2))
2 ans =
3 113.4500
```

永远不要让变量与函数重名！例如，mean=mean（iqbrain）。尽管这个命令有效，但此后 mean 指新变量而不是 MATLAB 函数。要是犯了这个错误，请用 clear 清除工作空间中的所有变量，重新开始！为此，请输入 clear（mean）。

类似地，也可以求最小值、最大值和标准差。

```
1 >> min(iqbrain(:,2))
2 ans =
3 77
4 >> max(iqbrain(:,2))
5 ans =
6 144
7 >> std(iqbrain(:,2))
8 ans =
9 24.0821
```

在使用这些函数，尤其是 mean 和 std 时，你会发现 MATLAB 可能是沿着某个维度，而不是你想要的维度做分析。在这种情况下，你就想为 MATLAB 函数指定维度。但是，MATLAB 的开发者不会开发两个功能相当的函数。如果沿着第二个维度（跨列）求均值，你就用 mean（[变量

名],2),但是相关的标准差是 std（［变量名］，［］，2）。这是因为 std 的
第二个位置有别的变量，而不是维度。在 size 函数中也可指定维度，例如
size（［变量名］，［维数］）。

|3.3| 元素比较

接下来我们进行数字比较。MATLAB 里主要的相关操作如下：

=   赋值[①]

~   不是

==   等于

~=   不等于

<   小于

>   大于

=<   小于等于

=>   大于等于

我们给 MATLAB 两个值中间插入这些运算符之一，MATLAB 就会辨别
这个语句的真伪。MATLAB 用 1（真）或 0（假）来响应。这种响应称为
"布尔"逻辑。

```
1 >> 1 == 1

2 ans =

3 1

4 >> 1 == 0

5 ans =
```

---

① 单独的等号不进行值的比较，但为了对比放在此处。

```
6 0
7 >> 42 > 10
8 ans =
9 1
10 >> iqbrain( : ,2) > 100
11 ans =
12 Columns 1 through 10
13 1 1 1 1 1 0 1 0 0 1
14 Columns 11 through 20
15 1 1 1 1 0 0 1 0 1 0
16 Columns 21 through 30
17 0 0 1 1 0 1 0 1 0 1
18 Columns 31 through 40
19 1 1 1 0 0 1 1 0 0 0
```

你很快会学到：

- 基于逻辑语句选定数据子集；
- 计算实验条件下的描述统计量。

|3.4| 逻辑运算符

好了，我们现在比较数字，看看它们是大于、小于还是等于的关系。我们也可以判断一个数字是否不等于另一个。别停下来！如果要进行更复杂的比较，可以使用and 和or运算符。

虽然这些运算符的组合看上去微不足道，甚至无关紧要，但是它们将为数据分析打下基础。因此，这里将通过几种不同的方法解释它们的用法。

首先，假设有一个数据集 A 和另一个数据集 B。如果我们只对 A 感兴趣，那就此打住（如图 3-1a 所示）。

```
1 >> A = [ 1 1 1 1 0 0 0 0 ];
2 >> B = [ 1 0 1 0 1 0 1 0 ];
3 >> Aonly = A
4 Aonly =
5 1 1 1 1 0 0 0 0
```

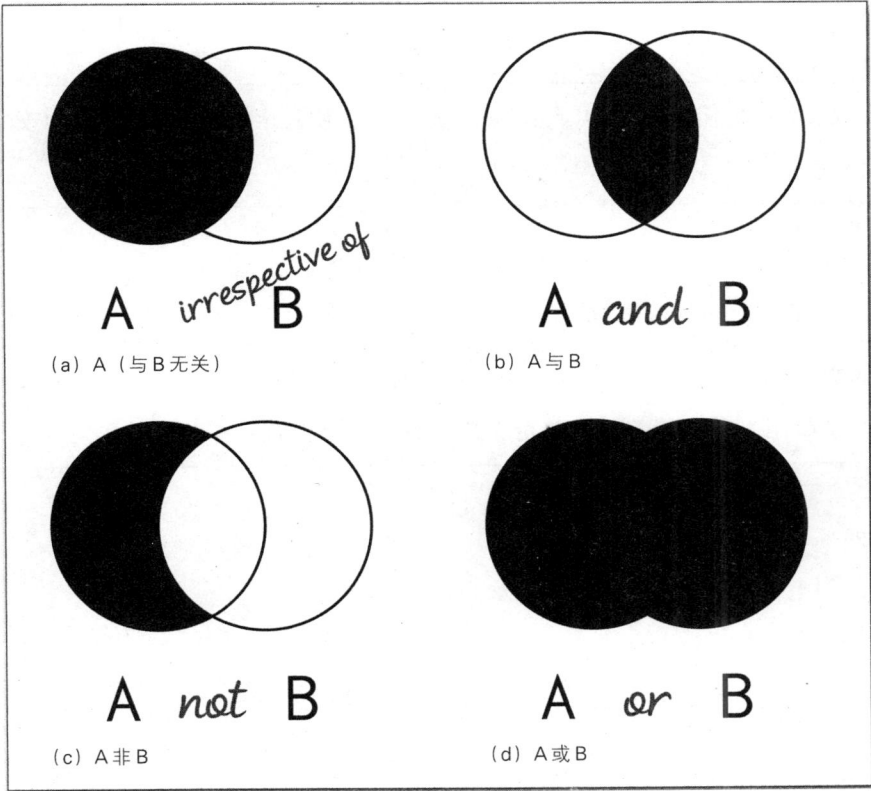

（a）A（与 B 无关）　　（b）A 与 B

（c）A 非 B　　（d）A 或 B

图 3-1　布尔运算符的维恩图

如果我们对 A 和 B 同时感兴趣，就用 and（如图 3-1b 所示）。在 MAT-LAB 中，and 用符号 &（与字符）表示。

```
1 >> AandB = A & B
2 AandB =
3 1 0 1 0 0 0 0 0
```

如果我们只想考虑出现在 A 中但不在 B 中的值，可以使用布尔运算符 not（如图 3-1c 所示）。在 MATLAB 中，not 用符号 ~（波浪号）表示。

```
1 >> AnotB = A & ~B
2 AnotB =
3 0 1 0 1 0 0 0 0
```

最后，我们要考虑 A 或 B 中的值，可以使用相应的运算符 or（如图 3-1d 所示）。在 MATLAB 中，or 用符号 |（条或竖线）表示。

```
1 >> AorB = A | B
2 AorB =
3 1 1 1 1 1 0 1 0
```

类似的应用是当 A 不等于 B 时，这时只包含维恩图的两边，不包含中间。了解了上面的运算符，就可以用几种方式来实现：

```
1 >> A ~= B
2 ans =
3 0 1 0 1 1 0 1 0
4 >> AorB - AandB
5 ans =
6 0 1 0 1 0 1 1 0 1 0
7 >> ( A & ~B ) | ( ~A & B )
8 ans =
```

```
901011010
```

好吧，不可否认，这有点儿抽象。让我们用 iqbrain 数据集使其更易于理解。

首先，我们再次来求样本中受试者的平均 IQ。

```
1 >> mean(iqbrain(:,2))
2 ans =
3 113.4500
```

如果你打印出 iqbrain 的内容，就可以看到许多受试者的 IQ 低于 100。你能统计出有多少人吗？样本中 IQ 低于 100 的受试者占多大比例？

```
1 >> nLowIQ = sum(iqbrain(:,2)'< 100)
2 nLowIQ =
3 16
4 >> pLowIQ = sum(iqbrain(:,2)'< 100) ./ length(iqbrain)
5 pLowIQ =
6 0.4000
```

学了基本分析，处理数据是相当容易的！再多试几次：

样本中 IQ 的最高值和最低值分别是多少？

```
1 >> lowIQ = min(iqbrain(:,2))
2 lowIQ =
3 77
4 >> highIQ = max(iqbrain(:,2))
5 highIQ =
6 144
```

|3.5| 数据分离

现在我们有了描述统计量，并具备用布尔运算符将不同类型的数据合并起来的能力，但还有一件非常重要的事情我们不会做，那就是在一定条件下查找指定值。

除了让 MATLAB 报告 1 和 0 之外，当语句为真时，获得索引更有用。这可以通过 find 函数实现。

```
1 >> find(A)
2 ans =
3 1 2 3 4
4 >> find(B)
5 ans =
6 1 3 5 7
```

这也可以应用于前面说的布尔表达式上。

```
1 >> find(A & B)
2 ans =
3 1 3
4 >> find(AandB)
5 ans =
6 1 3
```

此外，MATLAB 中也有 intersect 函数专门用于输出两个集合的交集。

```
1 >> intersect(find(A),find(B))
2 ans =
3 1 3
```

我们也可以把这个逻辑应用到 not 语句上，以及用 setdiff 函数可得到属于一个集合而不属于另一个集合的值（单向地，如图3-1c所示）。

```
1 >> find(AnotB)
2 ans =
3 2 4
4 >> setdiff(find(A),find(B))
5 ans =
6 2 4
7 >> setdiff(find(B),find(A))
8 ans =
9 5 7
```

虽然就其本身而言不太有用，但是当使用这些索引以及通过类似方式组织的多个数据集时，我们就可以找出两件事情同时为真的情形。例如，如果问哪些受试者是男性，该怎么办呢？（提示：Gender=1对应男性）

```
1 >> find(iqbrain(:,1)==1)
2 ans =
3 2
4 3
5 4
6 9
7 10
8 ...
```

如果问哪些受试者的IQ在100以上，又该怎么办呢？

```
1 >> find(iqbrain(:,2)>100)
2 ans =
3 1
```

```
4 2
5 3
6 4
7 5
8 ...
```

把这两个问题合起来就是：IQ高于100的男性受试者有哪些？

```
1 >> find(iqbrain(:,1)==1 & iqbrain(:,2)>100)
2 ans =
3 2
4 3
5 4
6 10
7 12
8 13
9 24
10 26
11 28
12 32
13 33
14 37
```

这样的受试者有多少人呢？若问IQ高于100的女性受试者有哪些，又该怎么办呢？

```
1 >> nMaleHighIQ = length(find(iqbrain(:,1)==1 & iqbrain(:,2)>100))
2 nMaleHighIQ =
3 12
```

```
4 >> nFemaleHighIQ = length(find(iqbrain(:,1)==2 & iqbrain(:,2)>100))
5 nFemaleHighIQ =
6 11
```

|3.6| 文本数据分析

但愿你能明白这种类型的代码对分析如此重要的原因。现在，我们使用词汇数据库的示例数据集来做分析。首先，再次加载数据。

```
1 >> clear,clc
2 >> fid = fopen('JanschewitzB386appB.txt', 'r');
3 >> formatstring = ['%s %s' repmat('%f ',1,19)];
4 >> worddata=textscan(fid,formatstring, 'headerlines',5, ...
5 'delimiter', '\t');
6 >> fclose(fid);
```

贴士#21

MATLAB 里的变量名不能以数字开头。例如，把变量命名为460 words就会出错。自己试试看！

提醒一下，列标题在下面列出，同时也作为数据放在同一目录的data_legend.txt文件中。

```
1 Word
2 Type
3 Letters
4 Syllables
5 K&F-Freq.
6 ANEW-Valence
```

```
7 ANEW-Arousal

8 Personal Use-Mean

9 Personal Use-SD

10 Familiarity-Mean

11 Familiarity-SD

12 Offensiveness-Mean

13 Offensiveness-SD

14 Tabooness-Mean

15 Tabooness-SD

16 Valence-Mean

17 Valence-SD

18 Arousal-Mean

19 Arousal-SD

20 Imageability-Mean

21 Imageability-SD
```

我们试求禁忌语的平均唤醒度。首先，用 find 找到禁忌语在数据库中的行数。要记住第一次使用 textscan 加载文件时，最后会得到一个元胞数组。

```
1 >> find(worddata{2}=='taboo')
2 ??? Undefined function or method' eq 'for input arguments
3 of type 'cell'.
```

可惜，对于文本，你不能简单地使用比较运算符。也就是说，字符串有点儿不同，因为"大于"和"小于"对字符串没有意义。为了比较字符串，要使用另一个 MATLAB 函数：strcmp。

```
1 >> strcmp(worddata{2},{'taboo'})
2 ans =
```

```
3  1
4  1
5  1
6  1
7  1
8  ...
9  >> find( strcmp( worddata{2}, {'taboo'}))
10 ans =
11 1
12 2
13 3
14 4
15 5
16 ...
```

好，现在我们来查找这些词的唤醒度，它们只对应选定的行。

```
1  >> worddata{18}( find( strcmp( worddata{2}, {'taboo'})))
2  ans =
3  4.0100
4  4.0800
5  4.7400
6  3.1800
7  4.6200
8  ...
```

而且我们先只求这些值的平均值，再求平均表象性和平均禁忌度。

```
1  >> mAroTaboo = mean( worddata{18}( find( strcmp( worddata{2}, ...
```

```
2 {'taboo'}))))
3 mAroTaboo =
4 4.3357
5 >> mImagTaboo = mean(worddata{20}(find(strcmp(worddata{2}, ...
6 {'taboo'}))))
7 mImagTaboo =
8 4.5410
9 >> mTabTaboo = mean(worddata{14}(find(strcmp(worddata{2}, ...
10 {'taboo'}))))
11 mTabTaboo =
12 4.8284
```

如果你感觉理解上面的代码有点儿困难，不必担心，下一节我们会进一步讨论函数嵌套。

对于给定数据集，更为有用的分析是列出词汇类型。这很容易通过新函数 unique 实现。这个函数特别适用于从一列值中删除重复值而分离出唯一的值。它会自动为值排序，而不是按出现的先后顺序列出值。

```
1 >> unique(worddata{2})
2 ans =
3 "
4 'neg hi ar'
5 ' neg lo ar'
6' pos hi ar'
7' pos lo ar'
8' rel neu'
9 'taboo'
```

```
10' unrel neu'
```

这个差不多奏效，不过我们会看到有个空白项。这是文件尾部的注释行的残余。我们只要在函数unique中把数据约束在实际数据对应的行中，就可解决这个问题。

```
1 >> types=unique(worddata{2}(1:460))
2 types =
3 'neg hi ar'
4 'neg lo ar'
5 'pos hi ar'
6 'pos lo ar'
7 'rel neu'
8 'taboo'
9 'unrel neu'
```

现在，我们可以比较容易地对其他词汇类型求均值。

```
1 >> mAroNegHi=mean(worddata{18}(find(strcmp(worddata{2},types{1}))))
2 mAroNegHi =
3 3.1987
4 >> mAroNegLo=mean(worddata{18}(find(strcmp(worddata{2},types{2}))))
5 mAroNegLo =
6 2.5715
```

贴士#22

如果strcmp有用，也可以进一步查阅strncmp。

3.7 函数嵌套

现在有很多方式可以比较数据。不过，要进行更多"有趣"的分析，通常要把几个函数串在一个连贯的代码行中。为此，你需要从基本做起，逐步得到最终结果。

对有些人来说，这似乎是常识（若明白向外工作的意思），但对另一些人来说，这真的是逻辑跳跃，所以请担待些。在做特定分析时，你要先把它分解成容易处理的步骤。接着，你需要从最基本的地方开始逐步建立程序。但是，要做到这点就需向外工作。举个例子：

上节，我们提出用下面的代码行来求禁忌语的平均唤醒度。

```
1 >> mAroTaboo = mean(worddata{18}(find(strcmp(worddata{2},{'taboo'}))))
2 mAroTaboo =
3 4.3357
```

让我们从头开始，弄清如何得到这行代码。首先，从词汇类型列和平均唤醒度列开始。

```
1 >> worddata{2}
2 ans =
3 'taboo'
4' taboo'
5' taboo'
6' taboo'
7 'taboo'
8 ...
9 >> worddata{18}
```

```
10 ans =

11 4.0100

12 4.0800

13 4.7400

14 3.1800

15 4.6200

16 ...
```

使用学过的比较运算符，让 MATLAB 显示词汇为禁忌词。

```
1 >> strcmp(worddata{2},{'taboo'})

2 ans =

3 1

4 1

5 1

6 1

7 1

8 ...
```

现在让 MATLAB 找到结果为"真"（也就是 1）时的索引。

```
1 >> find(strcmp(worddata{2},{'taboo'}))

2 ans =

3 1

4 2

5 3

6 4

7 5

8 ...
```

接下来，让 MATLAB 显示这些选定行对应的唤醒度。

```
1 >> worddata{18}(find(strcmp(worddata{2},{'taboo'})))
2 ans =
3 4.0100
4 4.0800
5 4.7400
6 3.1800
7 4.6200
8 ...
```

马上就实现目标了！再让 MATLAB 求出这些值的平均值。

```
1 >> mean(worddata{18}(find(strcmp(worddata{2},{'taboo'}))))
2 ans =
3 4.3357
```

现在，我们得到了与开头一样的代码和结果，但愿这样做有意义。在进一步讨论之前，我们沿用这个逻辑做另一个分析——这次使用 iqbrain 数据集。

```
1 >> clear,clc
2 >> iqbrain = load('data.txt');
```

在这个样本中，男性（a）和女性（b）的平均 IQ 分别是多少？哪个更高？

第一个答案，男性的平均 IQ 可按下面这行计算。

```
1 >> mMaleIQ = mean(iqbrain(find(iqbrain(:,1)==1),2))
2 mMaleIQ =
3 115
```

你可以仿照着上面的步骤自己也试着做一下，或至少先理解。

但愿你能理解大部分内容。现在让我们试着逐步得到"最后"的代码行。先查看存储在变量 iqbrain 中的数据。

```
1 >> iqbrain
2 iqbrain =
3 1.0e+06 *
4 0.0000 0.0001 0.0001 0.0001 0.8169
5 0.0000 0.0001 NaN 0.0001 1.0011
6 0.0000 0.0001 0.0001 0.0001 1.0384
7 0.0000 0.0001 0.0002 0.0001 0.9654
8 0.0000 0.0001 0.0001 0.0001 0.9515
9 ...
```

注意，数据都是用科学计数法表示的，读起来有点儿吃力。我们只看前4列，它们不显示脑容量数据列。

```
1 >> iqbrain（:,1:4)
2 ans =
3 2.0000 133.0000 118.0000 64.5000
4 1.0000 140.0000 NaN 72.5000
5 1.0000 139.0000 143.0000 73.3000
6 1.0000 133.0000 172.0000 68.8000
7 2.0000 137.0000 147.0000 65.0000
8 ...
```

现在，让我们重点关注性别列。

```
1 >> iqbrain（:,1)
2 ans =
3 2
4 1
```

```
5 1
6 1
7 2
8 ...
```

现在，让我们来确认性别列中与男性匹配的位置。

```
1 >> iqbrain(:,1)==1
2 ans =
3 0
4 1
5 1
6 1
7 0
8 ...
```

接着，我们得到相应的受试者/行数。

```
1 >> find(iqbrain(:,1)==1)
2 ans =
3 2
4 3
5 4
6 9
7 10
8 ...
```

现在，再次调取 IQ 以及指定行数的 IQ。

```
1 >> iqbrain(:,2)
2 ans =
```

```
3 133
4 140
5 139
6 133
7 137
8 ...
9 >> iqbrain(find(iqbrain(:,1)==1),2)
10 ans =
11 140
12 139
13 133
14 89
15 133
16 ...
```

马上完成了！现在，我们只要计算这个IQ集的均值即可。

```
1 >> mMaleIQ = mean(iqbrain(find(iqbrain(:,1)==1),2))
2 mMaleIQ =
3 115
```

这样，得到女性的平均IQ就是小事一桩了。

```
1 >> mFemaleIQ = mean(iqbrain(find(iqbrain(:,1)==2),2))
2 mFemaleIQ =
3 111.9000
```

看来，样本中女性的平均IQ略高于男性。现在，还不能说这种差异是统计显著的，这是以后的事。

我们再做一个分析，通过这个过程来学习：

这个样本中，IQ较高的受试者个子也比较高吗？受试者身高的中位数是多少（单位：英寸）？身高高于或低于中位数的受试者的平均IQ分别是多少呢？

```
1 >> medHeight = median(iqbrain(:,4))
2 medHeight =
3 NaN
```

嗯……这并不是我们想要的答案。基于保密的原因，研究人员没有提供受试者的体重或身高。但是，没有数据，我们怎么做描述统计呢？MATLAB显然不知道怎么响应。

|3.8| NaN值

有时，在分析数据时，MATLAB会显示NaN。NaN代表"不明确的数值结果"。从根本上来讲，MATLAB不能用数字来回答命令。这只是其中一处。用isnan可以找到所有这种情况。

```
1 >> find(isnan(iqbrain(:,4)))
2 ans =
3 21
```

在这个例子中，iqbrain的研究人员在共享数据集时没有提供有些受试者的身高和体重。

我们可以用nanmedian函数代替median函数，忽略NaN值来求中位数。

```
1 >> medHeight = nanmedian(iqbrain(:,4))
2 medHeight =
3 68
```

其他描述统计量，也有类似的函数，如nanmean和nanstd。可惜，这些适用于 NaN 值的函数不是 MATLAB 的核心部分，而且只包含在统计工具箱中。简单地说，这些函数忽略了 NaN 值，并求出了相应的统计量。

如果你需要这样的函数却没有统计工具箱，可以使用 isnan 开发函数实现相应的功能。（以后将自定义与 nanmedian，nanmean 及其他等效的函数）

```
1 >> medHeight = median(iqbrain(~isnan(iqbrain(:,4)),4))

2 medHeight =

3 68
```

现在来回答关于智商和身高的具体问题：

```
1 >> mean(iqbrain(find(iqbrain(:,4)>medHeight & ...

2 ~isnan(iqbrain(:,4))),2))

3 ans =

4 116.6316

5 >> mean(iqbrain(find(iqbrain(:,4)<medHeight & ...

6 ~ isnan(iqbrain(:,4))),2))

7 ans =

8 113.6471
```

看来个子较高的受试者平均 IQ 也略高些。

|3.9| 括号不对称或不匹配

在编写比较复杂的代码时，常见的一个错误就是右括号缺省或左括号太多。这时 MATLAB 就会报告如下错误：

```
1 >> mean(iqbrain(find(iqbrain(:,4)<medHeight & ~isnan(iqbrain(:,4)),2))

2 ???   mean(iqbrain(find(iqbrain(:,4)<medHeight & ~isnan(iqbrain(:,4)),2))

3 |
```

```
4 Error: Expression or statement is incorrect—possibly unbalanced ( , {,
5 or [.
```

遇到这种错误时，你要仔细重读代码，找到括号缺省的地方。这也是练习分解代码行，由内向外工作并重写问题代码的一个很好的例子。

习题

现在，让我们扔掉拐杖，试用一下本章学过的新函数和运算符吧。

1. 在 iqbrain 数据集中，一共有多少位女性？

2. 受试者的平均身高是多少？受试者的最高和最低身高是多少？（单位：英寸）

3. 最高受试者的体重是多少？（单位：磅）

4. 在 worddb 数据集中，正性（情绪效价）的词汇有哪些？

5. 哪个词汇的个人使用率最高？它与熟悉度最高的词是同一个词吗？

6. 每种词汇类型的平均效价是多少？

7. 禁忌词比高唤醒的正性词和负性词更具表象性吗？高唤醒词比低唤醒词更具表象性吗？

8. 在这个数据库中，最具表象性的前 10 个词汇有哪些？按词长排名，第 100～110 的词汇有哪些？

9. 在所有词汇类型中，字母数和音节数的中位数是多少？

答案参看附录 B。现在，我们已取得了一些好的进展，但愿你在使用 MATLAB 时更得心应手，并能用自定义的数据做一些基本的分析。下一章我们将更进一步，学习数据绘图。

函数复习

帮助函数：help lookfor doc

基本分析函数：mean median std var min max sum length size sort

比较运算符：= ~ == ~= < > =< => strcmp intersect setdiff

通用函数：unique

NaN 相关函数：isnan nanmean nanmedian nanstd

第 4 章

绘图

现在我们已经可以组织数据做一些简单的分析，还要能够把它看作一个图形。有时，如果不先绘制数据的图形，就很难看出它的结构。此外，你还要学习如何绘制达到出版水平的图形，如图4-1所示。

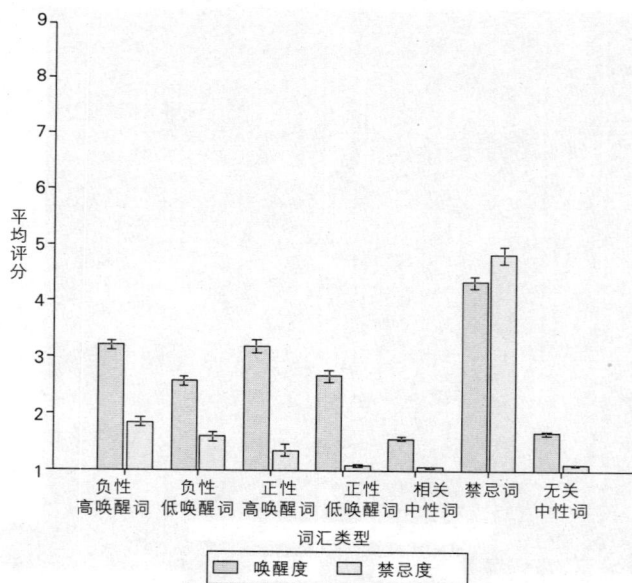

续图

- 计算统计推断如t检验和相关系数（见7.7节~7.9节和8.1节~8.2节）

- 绘制更复杂的图形，如眼球追踪研究中的眼睛注视热图（见附录B问题6）

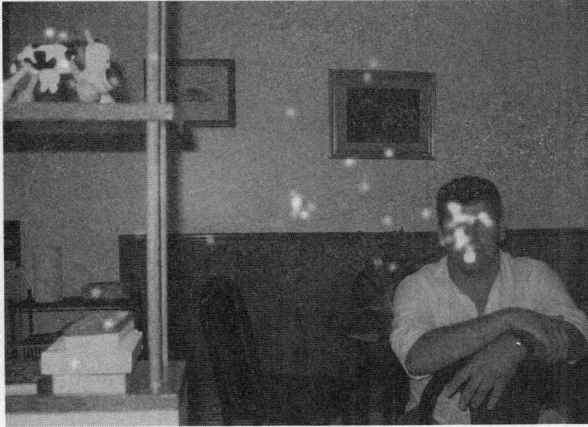

来源：Cerf et al.（2007）.

图4-1　绘制图形

|4.1| 绘图基础：循序渐进

首先，我们要从基础开始：绘制条形图，添加轴标签并保存图形以便于在MATLAB外部查看。现在，让我们使用词汇数据库的数据集，绘制7种词汇类型唤醒度的条形图。

```
1 >> fid = fopen('JanschewitzB386appB.txt', 'r');

2 >> formatstring = ['%s %s' repmat('%f ' ,1,19)];

3 >> worddata=textscan(fid,formatstring, 'headerlines',5, ...

4 'delimiter', '\t');

5 >> fclose(fid);
```

首先，我们需要求每种词汇类型的平均唤醒度。

```
1 >> types=unique(worddata{2}(1:460))

2 types =

3 'neg hi ar'

4' neg lo ar'

5' pos hi ar'

6' pos lo ar'

7 'rel neu'

8 'taboo'

9 'unrel neu'

10 >> i=1;

11 >> mAro(i)=mean(worddata{18}(find(strcmp(worddata{2},types{i}))));

12 >> i=i+1;

13 >> mAro(i)=mean(worddata{18}(find(strcmp(worddata{2},types{i}))));

14 >> i=i+1;

15 >> mAro(i)=mean(worddata{18}(find(strcmp(worddata{2},types{i}))));

16 >> i=i+1;

17 >> mAro(i)=mean(worddata{18}(find(strcmp(worddata{2},types{i}))));

18 >> i=i+1;

19 >> mAro(i)=mean(worddata{18}(find(strcmp(worddata{2},types{i}))));

20 >> i=i+1;

21 >> mAro(i)=mean(worddata{18}(find(strcmp(worddata{2},types{i}))));

22 >> i=i+1;

23 >> mAro(i)=mean(worddata{18}(find(strcmp(worddata{2},types{i}))));

24 >> mAro

25 mAro =
```

```
26 3.1987    2.5715    3.1730    2.6630    1.5595    4.3357    1.6551
```

（注：以后我们将学习不重复用代码行的做法。）

　　由此画条形图是很简单的，我们只要把数据输入函数 bar 即可。

```
1 >> bar(mAro)
```

　　所得图形如图 4-2 所示。

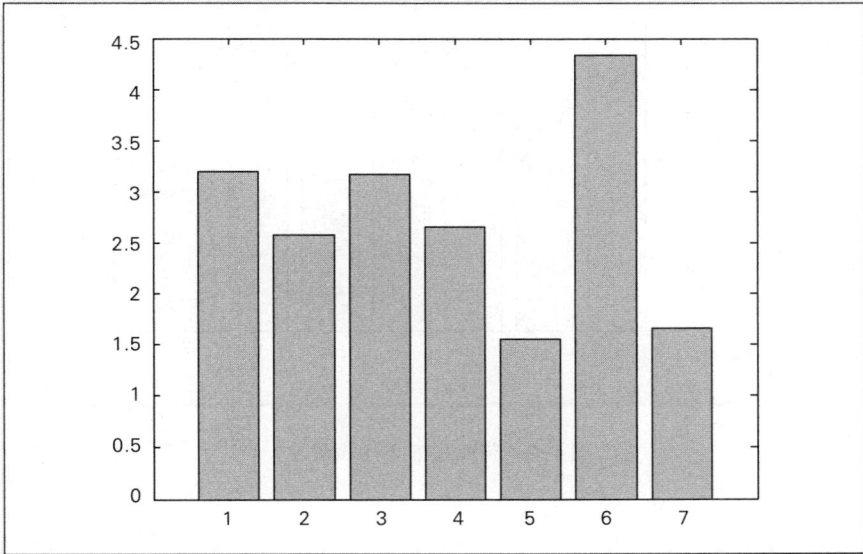

图 4-2　每种词汇类型的平均唤醒度

　　若只是自己查看的话，这在一定程度上是有用的。但是，如果把它拿给别人（比如合作者、上司、实验室/办公室同事）看，就应该添加更多的内容。我们首先来添加轴标签（xlabel，ylabel）和标题（title）。

```
1 >> xlabel('Word Type')
2 >> ylabel('Mean Rating')
```

```
3 >> title('Arousal')
```

所得图形如图4-3所示。

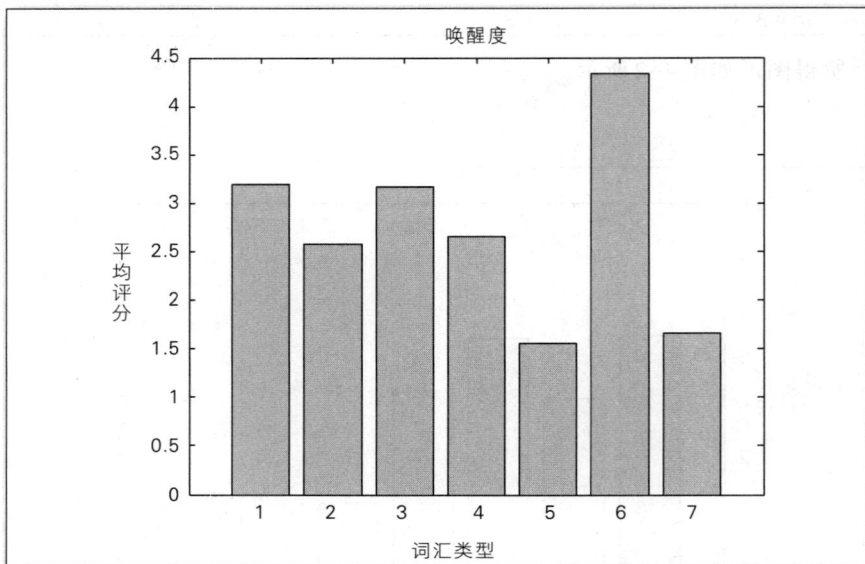

图4-3 带标签的平均唤醒度

这样就好多了！但有了轴坐标，显然有些地方需要调整一下。评分范围从1到9；受试者不能给词汇评0分，因此小于1的值没有意义。要调整图形的边界，我们可以使用函数axis。这里需要指定4个值，x轴的下界和上界，以及y轴的下界和上界。x轴设定为0到8，y轴设定为1到9。

```
1 >> axis([0 8 1 9])
```

接下来的重点是设置x轴和y轴的刻度标记的位置。我们要用实际标签代替x轴的刻度而不是1到7，这些数字相对来说没有意义。

MATLAB 自动设置 x 轴和 y 轴的刻度，此时两种情况下它们都以 1 递增。这样固然很好，但是如果调整图形窗口的大小，刻度也会跟着改变。要能让MATLAB保持这些设置就更好了。这种更改要更复杂一点儿：MATLAB把坐标轴相关的属性存储在一种特殊类型"对象"中。可以用get函数访问这个信息。如果我们想得到当前轴的属性，那么就需要指定"gca"，即"获取当前轴"。现在，让我们来获取 x 轴的刻度位置。

```
1 >> get(gca, 'XTick')
2 ans =
3 1 2 3 4 5 6 7
```

要改变存储在这里的信息，可以使用set函数。如果还不明白gca的话，不必担心，4.7节我们将展开更深入的讨论。

```
1 >> set(gca, 'XTick',1:7)
2 >> set(gca, 'YTick',1:9)
```

另外，若想使用文本标签，需要用字符串组成的元胞数组来"取代"每一个刻度标记处的数字。若用数字，可以用数字矩阵来代替。在目前的情况下，以前创建的types变量才是最合适的。

```
1 >> set(gca, 'XTickLabel',types)
```

更新后的图形如图4-4所示，你可以看到我们调整了轴边界、刻度位置和标签。

现在的图形可以拿给同事看，不过我们仍有些工作要做。

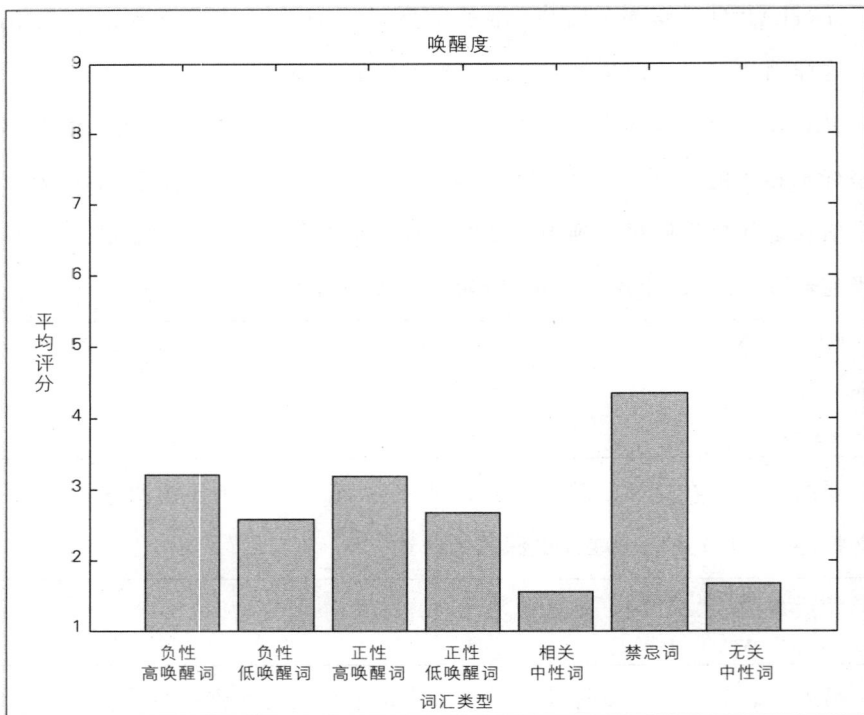

唤醒度

平均评分

负性
高唤醒词

负性
低唤醒词

正性
高唤醒词

正性
低唤醒词
词汇类型

相关
中性词

禁忌词

无关
中性词

图 4-4　更多图形定制的平均唤醒度

贴士 # 23

　　要得到可编辑的图形属性的完整列表，可输入 get（gca）。

|4.2| 保存图形

　　在学习更复杂的绘图技巧之前，我们要学会保存图形。毕竟，同事或主管不一定总在身边，也不应该用屏幕截图。

　　要想把图打印成 PDF 格式，可以使用函数 print。

```
1 >> print('-dpdf', 'mAro.pdf')
```

这里 dpdf 代表 MATLAB 的 PDF 打印驱动程序。你还可以把图形打印成很多其他的格式，包括 JPG 和 TIFF。要得到其他可打印的驱动程序的更多内容，可以让 MATLAB 打出列表（help print 或 doc print）。尽管通过命令在 MATLAB 里运行时该函数很好用，但是可能会无意中覆盖现有图形，要尽量避免这种事发生。另一种打印图形的方法是使用 MATLAB GUI 的图形窗口中的"保存"或"另存为"选项。这种方法也可以把图形保存成各种格式。

贴士 # 24

在使用 GUI 保存图形时，要确保文件名与文件格式匹配。如果以".fig"格式保存图形，却命名为".pdf"，以后会遇到很多麻烦。

现在，我们可以对数据进行可视化了。虽然这样看上去不是很漂亮但很有效。在把图形变得更漂亮之前，我们先来研究其他类型的图形。

贴士 # 25

你也可以用 orient 函数在已打印的 PDF 文件中调整图形的定位。

|4.3| 绘图方法节选

MATLAB 提供了多种方式来演示数据。下面是几种比较常用的图形类型。

4.3.1 水平条形图

也可以用 barh 函数来绘制水平条形图。尽管用法相同，但这个图看起来很不错（参看图 4-5）。

```
1 >> barh(mAro)
2 >> ylabel('Word Type')
```

```
3 >> xlabel('Mean Rating')
4 >> axis([1 9 0 8])
5 >> set(gca, 'YTickLabel', types)
6 >> title('Arousal')
```

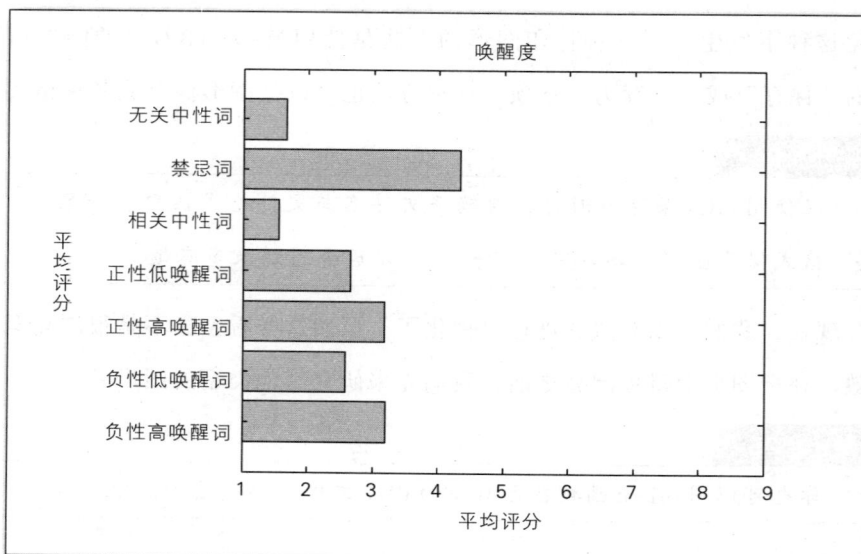

图 4-5　水平条形图

贴士 # 26

你也可以了解直方图函数 hist。

4.3.2　折线图

折线图是另一种相当重要的图形类型。在大部分情况下，plot 函数的用
法与 bar 函数类似。用同样的数据来绘制折线图（参看图 4-6）。

```
1 >> plot(mAro)
```

```
2 >> xlabel('Word Type')
3 >> ylabel('Mean Rating')
4 >> title('Arousal')
5 >> axis([0 8 1 9])
6 >> set(gca, 'XTickLabel', types)
```

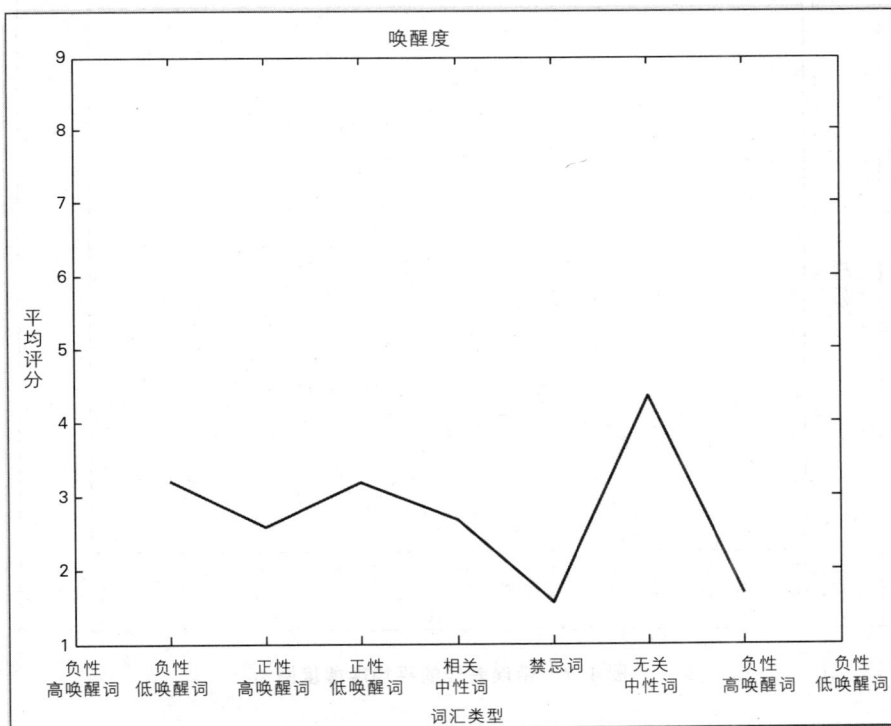

图 4-6 每种单词类型平均唤醒度的折线图

4.3.3 误差线

在结束学习折线图之前，我们试着绘制一条带误差线的折线图。对研究人员来说，这种图形非常重要，因为他们通常要通过求标准误或置信区间来说明结果的稳健性或一致性。为此，我们使用MATLAB函数errorbar，随着x值和y值的变化，求出误差线的高度。现在，让我们试着绘制一条简单的以标准误（SEM）作为误差线的平均唤醒度图（参看图4-7）。

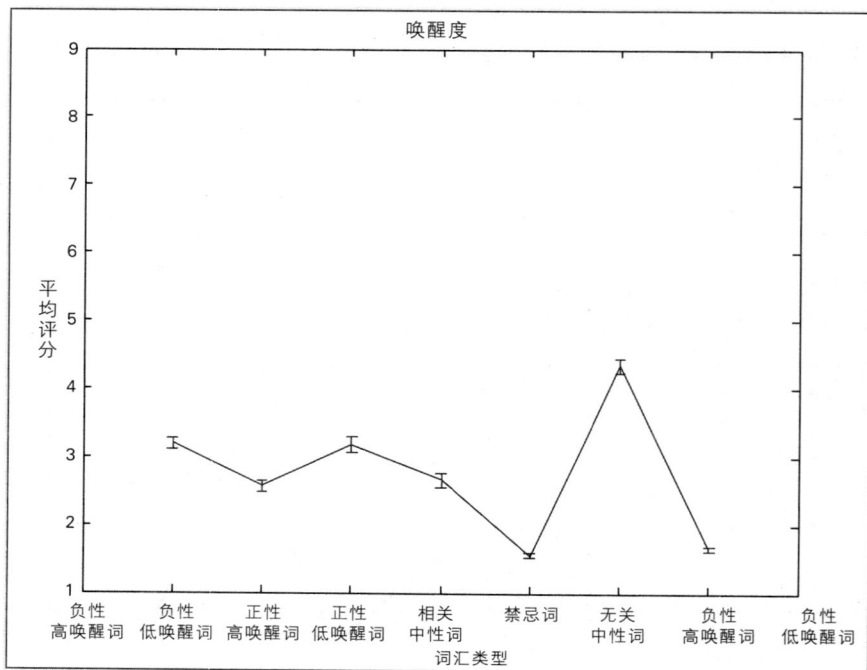

图 4-7　带误差线的平均唤醒度图

绘图前，我们先求标准误：

$$SEM(X,N) = std(X)/\sqrt{N}$$

Sqrt是求平方根的MATLAB函数。但是需要多花点儿功夫，因为不同词汇类型的词汇个数不尽相同。

```
1 >> i=1;

2 >> stdAro(i)=std(worddata{18}(find(strcmp(worddata{2},types{i}))));

3 >> nWord(i)=sum(strcmp(worddata{2},types{i}));

4 >> i=i+1;

5 >> stdAro(i)=std(worddata{18}(find(strcmp(worddata{2},types{i}))));

6 >> nWord(i)=sum(strcmp(worddata{2},types{i}));

7 >> i=i+1;

8 >> stdAro(i)=std(worddata{18}(find(strcmp(worddata{2},types{i}))));

9 >> nWord(i)=sum(strcmp(worddata{2},types{i}));

10 >> i=i+1;

11 >> stdAro(i)=std(worddata{18}(find(strcmp(worddata{2},types{i}))));

12 >> nWord(i)=sum(strcmp(worddata{2},types{i}));

13 >> i=i+1;

14 >> stdAro(i)=std(worddata{18}(find(strcmp(worddata{2},types{i}))));

15 >> nWord(i)=sum(strcmp(worddata{2},types{i}));

16 >> i=i+1;

17 >> stdAro(i)=std(worddata{18}(find(strcmp(worddata{2},types{i}))));

18 >> nWord(i)=sum(strcmp(worddata{2},types{i}));

19 >> i=i+1;

20 >> stdAro(i)=std(worddata{18}(find(strcmp(worddata{2},types{i}))));

21 >> nWord(i)=sum(strcmp(worddata{2},types{i}));

22 >> stdAro

23 stdAro =

24 0.5304 0.5505 0.8005 0.6961 0.2930 0.9896 0.3070

25 >> nWord
```

```
26 nWord =
27 46 46 46 46 92 92 92
28 >> semAro = stdAro./sqrt(nWord)
29 semAro =
30 0.0782 0.0812 0.1180 0.1026 0.0305 0.1032 0.0320
```

你别让这么多代码行吓坏了。这些大部分都是重复的，我们很快将学习自动分析。

现在，我们用标准误绘制带误差线的折线图。

```
1 >> errorbar(1:7,mAro,semAro)
2 >> xlabel('Word Type')
3 >> ylabel('Mean Rating')
4 >> title('Arousal')
5 >> axis([0 8 1 9])
6 >> set(gca, 'XTickLabel',types)
```

要绘制带误差线的条形图，需要把 bar 函数和 errorbar 函数结合起来使用。我们等到 4.5 节再来学这些。

贴士# 27

另一种误差线图是做非对称的错误线，使得误差的上下部分高度不相等。用 help 查看你是否能想明白如何做到。

4.3.4　散点图

有时你可能不想用折线连接数据点或把数据转换成条形图。若想观测可视化数据，我们通常用散点图。绘制散点图，我们只要用 MATLAB 的函数 scatter 即可。

我们现在绘制所有词汇类型的唤醒度和效价的散点图（参看图4-8）。

```
1 >> aro=worddata{18}(1:460);

2 >> val=worddata{16}(1:460);

3 >> scatter(val,aro)

4 >> xlabel('Valence')

5 >> ylabel('Arousal')

6 >> axis([1 9 1 9])
```

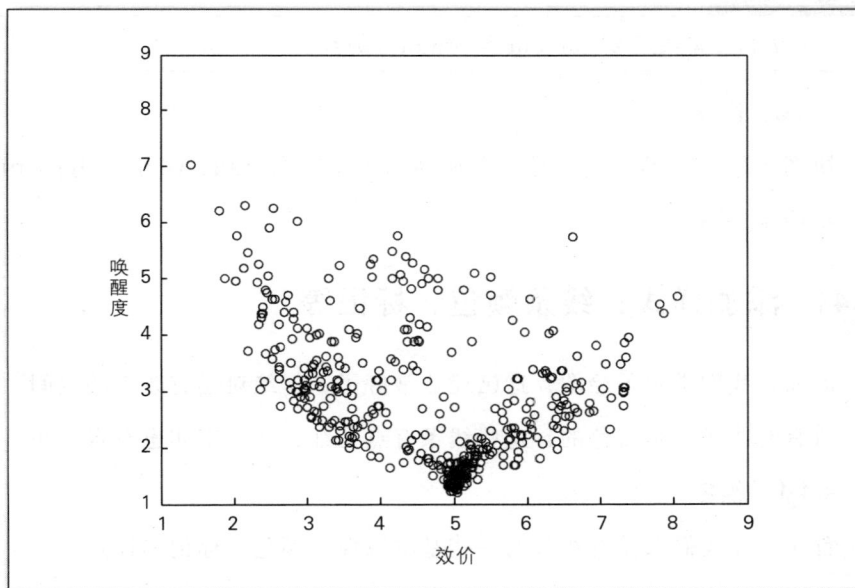

图4-8　460个词汇的唤醒度和效价散点图

4.3.5　二维图像矩阵

有时你可能想以更"原始"的形式——正方形网格来查看数据，其中每个正方形块代表矩阵的一个数值，基于值的大小显示颜色。这些可以通过函数 image 来实现。协方差矩阵通常采用这种方式。目前的数据没有适用于这类图形的。

在这类图形中，通常用 colorbar 函数来添加颜色条。这种颜色条表示图像矩阵从颜色到值的映射。在我们继续讨论之前，可试用 imagesc。在某些情况下，尽量区分出值的大小更好，而不用预先设定的颜色映射。Imagesc 会提取数据矩阵中的最大值和最小值，并自动将其设置为最极端的两种颜色。

贴士 # 28

> 你可能还需要了解 contour 和 contourf 函数。

4.3.6 饼图

饼图不常用，不过这也是一个典型的类型。在 MATLAB 中，用 pie 函数很容易绘制饼图。

|4.4| 添加样式：线条颜色、标记等

前面，我们学习了绘图，这已经非常好了，但绝对还有改善的空间。例如，所有的线条都是蓝色的，这些线条有点儿细，文本字体也有点儿小。

4.4.1 颜色

首先，让我们来设置线条的一些基本属性：颜色、标记和样式。

MATLAB 提供了一些默认的颜色：蓝色、绿色、红色、黑色和其他几种颜色。重要的是，这些默认颜色可以通过单个字符进行访问，例如：b、g、r 和 k 分别表示上面提到的四种颜色。在使用颜色时，只需在 bar、plot 或 errorbar 函数中的数据后指定一个字符即可。

```
1 >> bar(mAro, 'g')
```

想要更灵活地控制，我们也可以用0和1之间的数值来表示红色、绿色和蓝色的深浅度，从而设置指定颜色。例如：［0 0 0］表示黑色，［1 1 1］表示白色，［0 0.75 0］表示较深的绿色。在使用这些值时，我们需要告诉MATLAB实际指定的颜色。

```
1 >> bar(mAro, 'color',[0 0.75 0])
```

对于条形图，我们可以指定边缘颜色和表面颜色。

```
1 >> bar(mAro, 'edgecolor',[0.5 0 0], 'facecolor',[0.5 0.5 1])
```

在指定自定义颜色时，有些人会发现用十六进制更方便，与HTML颜色一样（例如，FFFFFF是白色）。很多在线颜色过滤器使用十六进制代码，所以指定特定颜色也很方便。为使MATLAB能够使用十六进制颜色，本书也附带了自定义函数（imbhex2color）。

```
1 >> bar(mAro,facecolor,imbhex2color(91D2E2))
```

4.4.2 线条样式

"样式"可能不是最贴切的词，不过这里指的是实线或虚线（如图4-9）。我们可以指定线条为实线、虚线或者只是用"–"、"––"以及"."标记，这与单个字符指定颜色的方式一样。其他类型的虚线用"："和"：–"指定。

```
1 >> plot(mAro, '-r')
2 >> plot(mAro, '--r')
3 >> plot(mAro, '.r')
4 >> plot(mAro, ':r')
5 >> plot(mAro, ':-r')
```

我们还可以通过linewidth（线宽）属性来调整线宽，用barwidth（条宽）属性来调整条形图中的条宽。

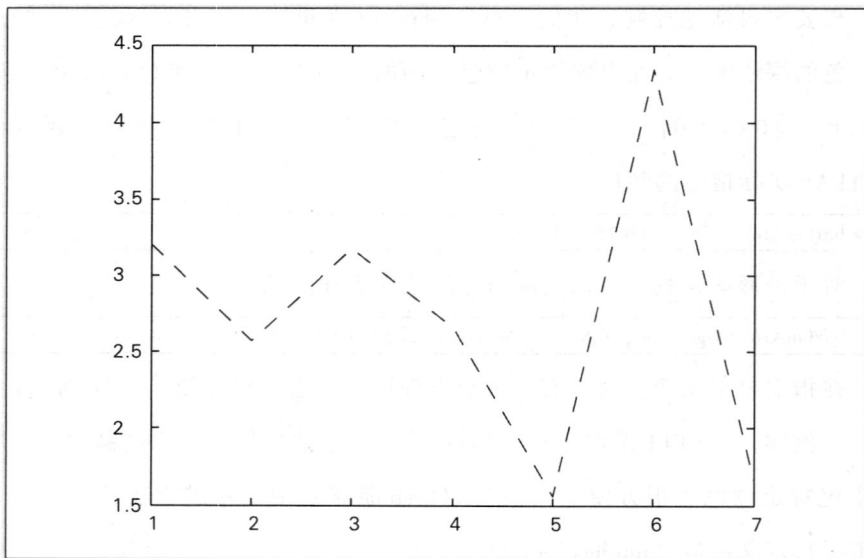

图4-9　虚线（--）的例子

```
1 >> bar(mAro, 'g', 'linewidth', 3)
```

4.4.3　标记

这里的"标记"指的是折线图中标记数据点的点号，如图4-10所示。

```
1 >> plot(mAro, '^r')
2 >> axis([0 8 1 9])
```

这里用向上的三角形作为标记。

MATLAB提供了很多标记，大部分在表4-1中列出。请注意，默认标记是空心的，且标记间没有线条连接。不过，这些设置很容易更改。

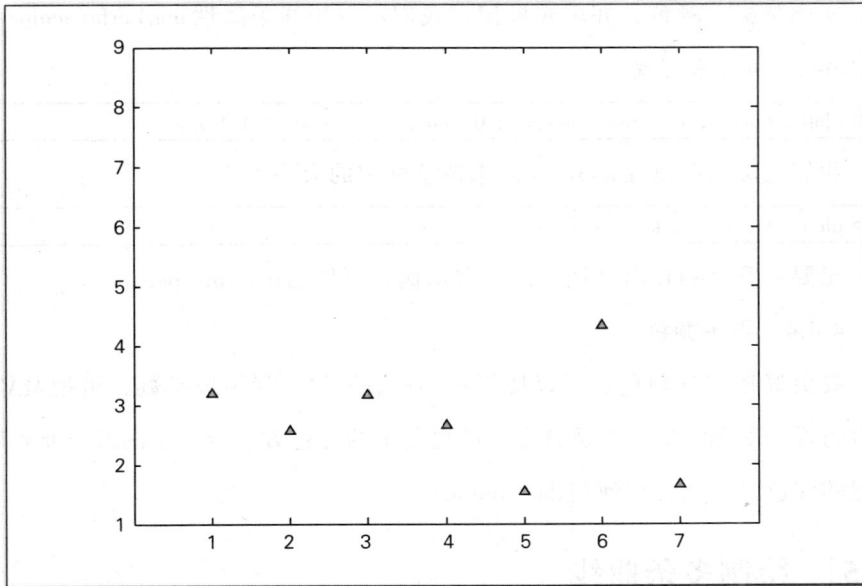

图 4-10   自定义标记的例子

表 4-1   MATLAB 提供的标记

MATLAB 标识符	例子	描述
		点
.	.	点
o	○	圆圈
s	□	正方形
^	△	三角形(向上)
v		三角形(向下)
<		三角形(向左)
>		三角形(向右)
d	◇	菱形
+	+	叉号(十字)
x	×	叉号(×)
p	★	星
*	*	星号

要调整标记颜色，并填充标记，我们可以用线条属性 markerfacecolor 和 markeredgecolor 来实现。

```
1 >> plot(mAro,-s,markerfacecolor,[1 0 0],markeredgecolor,[0 1 0])
```

我们还可以用属性 markersize 来调整标记的大小。

```
1 >> plot(mAro,-s,markersize,5)
```

想要查看 MATLAB 文档中的更多示例，可使用 doc linespec。

4.4.4 更多颜色

要更好地控制颜色，可以使用 colormap 函数。利用该函数，可把 MAT-LAB 内置的配色方案，以及自定义的更复杂的配色方案应用于图形。要查看内置的配色方案表，可使用 doc colormap。

|4.5| 绘制多条曲线

迄今为止，我们已经学会绘制各类图形并进行定制，但这些都相对简单。我们还不能同时绘制多条曲线。这时主要的使用命令是 hold on。该命令告诉 MATLAB 不要用后续命令绘制的图形覆盖当前图形，而要保留它。

该命令主要用于行为研究人员在条形图上叠加误差线（见图 4-11）。举个简单的例子，让我们先来绘制每种词汇类型唤醒度的条形图，同时使用标记和颜色。

```
1 >> bar(mAro, 'facecolor',imbhex2color('91D2E2'))
2 >> hold on
3 >> errorbar(1:7,mAro,semAro, '.k', 'markersize',1)
4 >> axis([0 8 1 9])
5 >> set(gca, 'XTickLabel',types)
6 >> xlabel('Word Type')
```

```
7 >> ylabel('Mean Rating')

8 >> title('Arousal')

9 >> hold off
```

看看图形底部，似乎条形的底部没有边界。这是由于人为改变轴边界使其不包含零点造成的。这很容易通过在图中添加一条线来修正。

```
1 >> plot([0 8],[1 1], 'k')
```

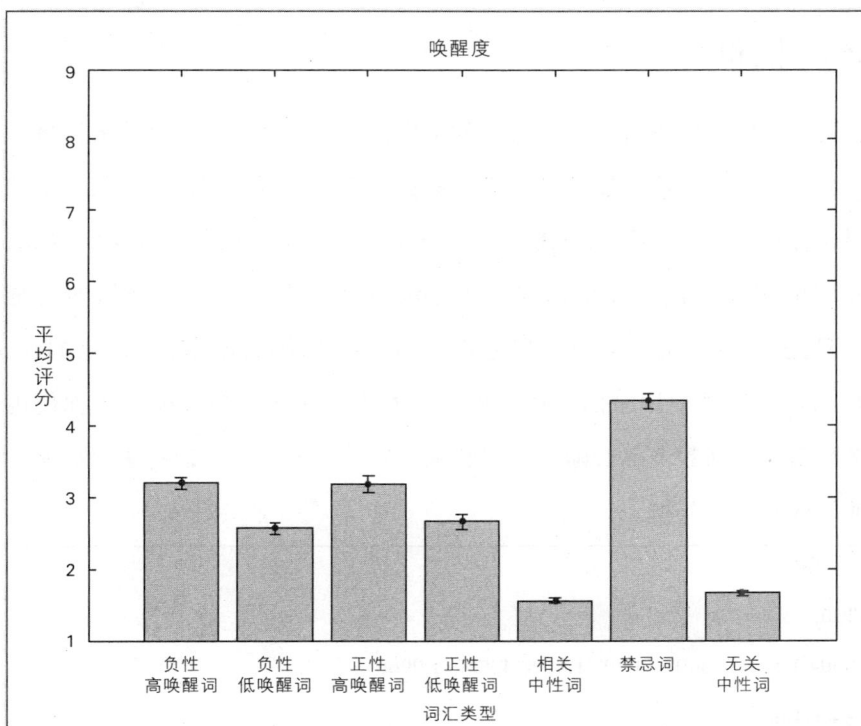

图 4-11 第一个带误差线的条形图

4.5.1　打开和关闭图形

尽管 hold 非常适合于在同一条坐标系下绘制多条曲线，但有时需要关闭当前图形并移动到下一个。hold off 可用于让 MATLAB 停止使用相同的坐标系。

要达到这个目的，更有用的函数是 figure 和 close。figure 让 MATLAB 打开一个新的图形窗口，而 close 则关闭最新的图形窗口。close all 用来关闭所有的图形窗口。

| 4.6 |　图例

要是在同一图中包含多种尺度的条形，该怎么办呢？这时需要图例。

我们试用禁忌度尺度来做。为了避免重复计算每种词汇类型的均值和标准误，你可以把它们复制过来。如果愿意，计算均值的方法与 4.1 节我们以前介绍的完全一样，计算标准误的方法与 4.3.3 节我们以前介绍的完全一样，只是这里用的是 14 列（禁忌度）而不是 18 列（唤醒度），正如在 data_legend.txt 文件中记录的一样，而且在本书也多次出现。但愿当你使用自定义数据时，列数不那么随意，记起来更容易。下一章我们将学习如何进行这种单调冗长的分析。

```
1 >> mTab

2 mTab =

3 1.8304 1.5911 1.3407 1.0793 1.0490 4.8284 1.0966

4 >> semTab

5 semTab =

6 0.0802 0.0805 0.1072 0.0208 0.0142 0.1550 0.0143
```

如果我们在同一个图上一起绘制，就会得到如下结果。

```
1 >> bar((1:7)-.2, mAro, 'facecolor', imbhex2color('91D2E2'), ...
2 'barwidth', .35)
3 >> hold on
4 >> bar((1:7)+.2, mTab, 'facecolor', imbhex2color('E5E5E5'), ...
5 'barwidth', .35)
6 >> errorbar((1:7)-.2, mAro, semAro, '.k', 'markersize', 1)
7 >> errorbar((1:7)+.2, mTab, semTab, '.k', 'markersize', 1)
8 >> axis([0 8 1 9])
9 >> set(gca, 'XTick', 1:7, 'XTickLabel', types)
10 >> xlabel('Word Type')
11 >> ylabel('Mean Rating')
12 >> plot([0 8], [1 1], 'k')
13 >> hold off
```

现在，我们也许应该增加一个图例。

```
1 >> legend('Arousal', 'Tabooness')
```

和其他图形相关的函数一样，我们也可以设置一些定向（水平或垂直）和位置的附加选项。对于图例的位置，我们可提供的最简单的位置是"北"、"南"、"东"和"西"，以及所有的角方向（比如"西北"）。我们也可以用 legend boxoff 删除图例的边框，如图 4-12。要了解更多内容，参看 doc legend。

```
1 >> legend('Arousal', 'Tabooness', 'orientation', 'horizontal', ...
2 'location', 'northwest')
3 >> legend boxoff
```

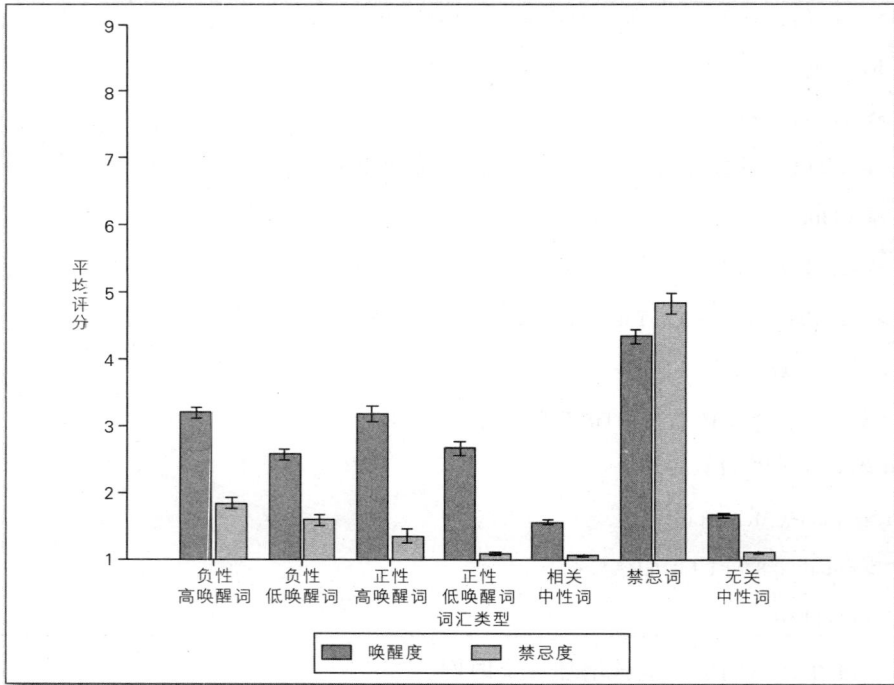

图 4-12 所有词汇类型唤醒度和禁忌度的均值

请注意：第一行用了"…"。它允许在下一行续写命令。通常，我自己不用它，除非行不适合书中打印的代码框的宽度。（也可以参看贴士#2。）

|4.7| 轴和图形高级定制

前面提到过一种特殊类型的对象称为 gca，它代表"获取当前轴"。换句话说，用 gca 可以设置轴属性，比如前面学过的轴刻度的位置。

我们还可以指定字体的大小和粗细（即 bold），与其他命令的编码基本一样。

```
1 >> set(gca,fontsize,14)
```

如果先把标签赋值给变量，我们也可以直接设置标签属性。

```
1 >> a=xlabel('Word Type');
2 >> b=ylabel('Mean Rating');
3 >> set(a, 'fontsize', 20, 'fontweight', 'bold')
4 >> set(b, 'fontsize', 20, 'fontweight', 'bold')
```

另一个重要的图形属性是刻度方向。MATLAB默认刻度方向向内。你以前可能没有注意到这点，但有时小的细节会让图形更好看。看看最后几页的图形，你会有什么想法。把刻度方向改为向外，只要一行代码即可。

```
1 >> set(gca, 'TickDir', 'out')
```

贴士#29

你还可以调整 TickLength（刻度线长度）。

4.7.1 透明背景

如果图形中需要透明背景，像在演示文稿中用的一样，你就需要把图形的背景色设置为无。

```
1 >> set(gca, 'Color', 'none')
```

|4.8| 边框

除了把数据绘制成折线或者条形图以外，图形还有其他一些重要的特征/属性，如边框和网格线。在这一节中，我们将了解更多常见的图形属性。

一个重要的边框类型是用于界定图形四周的方框。本章中所示的大多数图形都有方框，因为这是MATLAB默认的，但是图4-13没有。这可以用box函数来实现。

```
1 >> box on
2 >> box off
```

在 MATLAB 中也可以用 grid 函数添加或删除网格线。

```
1 >> grid on
2 >> grid off
```

贴士 # 30

你还可以用 subplot 函数把多个图形添加到同一个图形窗口中。用 text 和 rectangle 也可以很容易为图形添加注释。

图 4-13 是在图 4-12 的基础上使用最后的这些修饰加以完善得到的。你觉得怎么样？下面是这个代码的最终版本。

```
1 >> bar((1:7)-.2,mAro, 'facecolor',imbhex2color('91D2E2'), ...
2 'barwidth',.35)
3 >> hold on
4 >> bar((1:7)+.2,mTab, 'facecolor',imbhex2color('E5E5E5'), ...
5 'barwidth',.35)
6 >> errorbar((1:7)-.2,mAro,semAro, '.k', 'markersize',1)
7 >> errorbar((1:7)+.2,mTab,semTab, '.k', 'markersize',1)
8 >> axis([0 8 1 9])
9 >> set(gca, 'XTick',1:7)
10 >> set(gca, 'XTickLabel',types)
11 >> plot([0 8],[1 1], 'k')
12 >> legend('Arousal', 'Tabooness')
13 >> legend boxoff
14 >> set(gca, 'fontsize',10)
```

```
15 >> a=xlabel('Word Type');

16 >> b=ylabel('Mean Rating');

17 >> set(a,'fontsize',14,'fontweight','bold')

18 >> set(b,'fontsize',14,'fontweight','bold')

19 >> set(gca,'TickDir','out')

20 >> box off

21 >> hold off
```

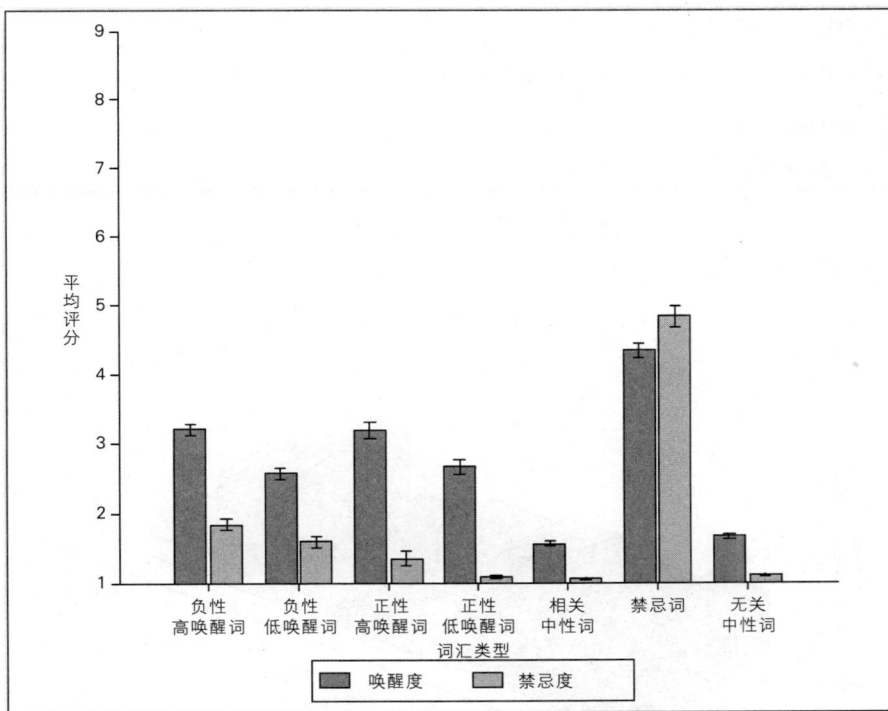

图 4-13　最终的图形

|4.9| 绘制三维图形

MATLAB也可以很容易地绘制出三维图形，但是很难把这些图形解释清楚。

例如，图4-14给出了用bar3绘制的三位条形图，生成代码如下所示。

```
1 >> bar3([mAro;mTab])
2 >> xlabel('Word Type')
3 >> zlabel('Mean Rating')
4 >> set(gca, 'XTickLabel',types)
5 >> set(gca, 'YTickLabel',{'Arousal','Tabooness'})
6 >> set(gca, 'ZTick',1:9)
7 >> axis([0 7.5 .5 3 1 9])
```

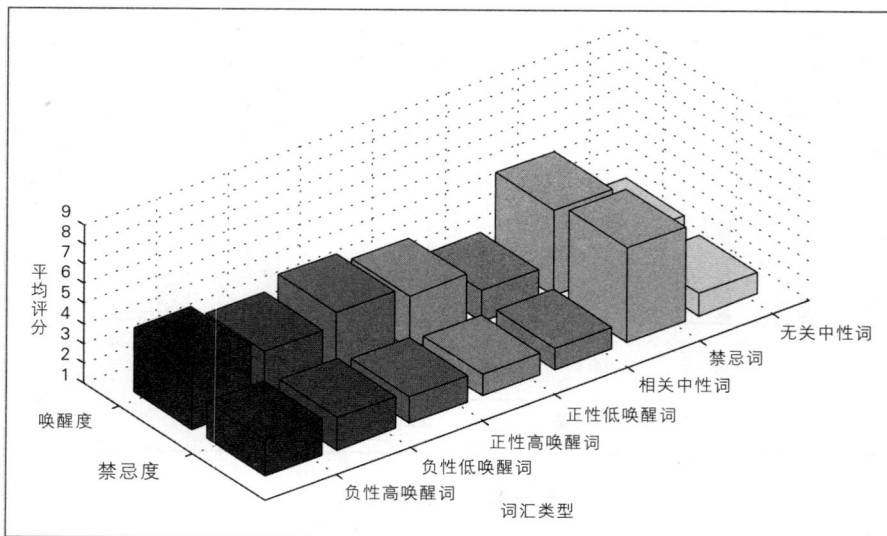

图4-14 三维条形图

就个人而言，我不用三维图形，但它们可能对你的工作有用。使用 plot2、scatter3 和 mesh 可以绘制其他类型的三维图形。

习题

现在，让我们扔掉拐杖，试用本章学到的新函数和运算符。

1. 对 worddb 数据集的每种词汇类型的平均表象性绘制一个简单的水平条形图（例如，不定制颜色或修改坐标轴范围）。

2. 绘制一个熟悉度和个人使用率的复式条形图（如图 4-13）。请加上 SEM 误差线。

3. 重新绘制如图 4-8 所示的效价×唤醒的散点图（页），但是每种词汇类型要使用不同的颜色和标记，要求含图例。

4. 调整问题 3 的代码，绘制禁忌度×冒犯性的散点图。

5. iqbrain 研究包含高 IQ 组和低 IQ 组，而不是把 IQ 看作连续变量。确定每组的 IQ 范围，并在图中说明。不计算标准误，用误差线标出每组的最高和最低的 IQ（即范围）。

6. 在问题 5 的图中，为每组的最高和最低 IQ 添加三角形标记（即∇和Δ）。

答案参看附录 B。现在，我们可以熟练使用 MATLAB 了！接下来我们将学习自动分析，以便更容易对完整的数据集做分析。

函数复习

绘图函数：bar barh plot errorbar scatter image colorbar imagesc contour pie

通用函数：xlabel ylabel title axis print hold legend figure close box grid set（XTick，YTick，XTickLabel，FontSize，FontWeight，TickDir，Color）

图形属性：Color LineSpec FaceColor LineWidth BarWidth Marker-Size MarkerFaceColor MarkerEdgeColor

第5章

自动分析

目前为止，我们已经学习了用命令完成各种各样的任务，包括加载数据（第2章）、求基本的描述统计量（如第3章求均值和标准差）以及绘图（第4章）。但是直到现在，每次都要输入命令或从另一个程序中把命令复制并粘贴到 MATLAB 中。本章将会结束这种繁琐的方式。我们首先创建脚本，然后学习使用条件语句和循环使其更生动，并最终学会自定义函数。

|5.1| 脚本

在前几章中，有相当一部分代码行需要手动输入。但愿大部分你都跟着一起做了，因为亲身试用命令将会大大有助于自学 MATLAB 函数。不过，考虑到 MATLAB 专门用于复杂分析，但愿你会等我来展示一个在 MATLAB 中运行命令的更好方式。现在，让我们来认识脚本。简而言之，脚本是保存在一个简单文本文件里的多行命令，这样只要在 MATLAB 中输入脚本文件名，就可以很容易地运行。依据情况，脚本可短可长，短的只有三四行，长的可达几百行。

要创建脚本，你可以使用 MATLAB 函数 edit，也可以用 edit（文件名）

的形式指定文件名来编辑（或者先创建再编辑）。这些脚本文件的扩展名都是 .m。例如，在词汇数据库数据集的同一文件夹中，我收录了一个名为 mkfigAro.m 的小脚本，该脚本以第4章中的一个图形为基础建立。

```
1  >> mkfigAro
```

为方便起见，下面我复制了这个脚本文件的内容。

```
2  formatstring = ['%s %s'repmat('%f',1,19) ];
3  worddata=textscan(fid,formatstring,'headerlines',5,' delimiter','\t'0);
4  fclose(fid);
5
6  types = unique (worddata{2}~(1:460));
7  i=1;
8  mAro(i)=mean(worddata{18}(find(strcmp(worddata{2},types{i}))));
9  stdAro(i)=std(worddata{18}(find(strcmp(worddata{2},types{i}))));
10 nword(i)=sum(strcmp(worddata{2},types{i}));
11 i=i+1;
12 mAro(i)=mean(worddata{18}(find(strcmp(worddata{2},types{i}))));
13 stdAro(i)=std(worddata{18}(find(strcmp(worddata{2},types{i}))));
14 nWord(i)=sum(strcmp(worddata{2},types{i}));
15 i=i+1;
16 mAro(i)=mean(worddata{18}(find(strcmp(worddata{2},types{i}))));
17 stdAro(i)=std(worddata{18}(find(strcmp(worddata{2},types{i}))));
18 nWord(i)=sum(strcmp(worddata{2},types{i}));
19 i=i+1;
20 mAro(i)=mean(worddata{18}(find(strcmp(worddata{2},types{i}))));
21 stdAro(i)=std(worddata{18}(find(strcmp(worddata{2},types{i}))));
```

```
22  nWord(i)=sum(strcmp(worddata{2},types{i}));

23  i=i+1;

24  mAro(i)=mean(worddata{18}(find(strcmp(worddata{2},types{i}))));

25  stdAro(i)=std(worddata{18}(find(strcmp(worddata{2},types{i}))));

26  nWord(i)=sum(strcmp(worddata{2},types{i}));

27  i=i+1;

28  mAro(i)=mean(worddata{18}(find(strcmp(worddata{2},types{i}))));

29  stdAro(i)=std(worddata{18}(find(strcmp(worddata{2},types{i}))));

30  nWord(i)=sum(strcmp(worddata{2},types{i}));

31  i=i+1;

32  mAro(i)=mean(worddata{18}(find(strcmp(worddata{2},types{i}))));

33  stdAro(i)=std(worddata{18}(find(strcmp(worddata{2},types{i}))));

34  nWord(i)=sum(strcmp(worddata{2},types{i}));

35  semAro = stdAro./sqrt(nWord);

36

37  bar(mAro,'facecolor',imbhex2color('91D2E2'))

38  hold on

39  errorbar(1:7,mAro,semAro,'.k','markersize',1)

40  axis([0 8 1 9])

41  set(gca,'XTickLabel',types)

42  set(gca,'TickDir','out')

43  xlabel('Word Type')

44  ylabel('Mean Rating')

45  title('Arousal')

46  plot([0 8],[1 1],'k')
```

```
47  box off

48  hold off
```

试运行 mkfigAro.m，简单吗？很抱歉，这么久才来分享这个。我需要等你充分认识到这样做的意义和价值时才能和你分享。

5.1.1 ECHO，Echo，echo

使用脚本的一个潜在缺点是，你有时看不到哪些代码行在输出值（例如，如果没有分号的话）。要让 MATLAB 打印出它执行的所有命令，可以使用 echo 函数。

在 mkfigaro2.m 中，我调整了一些行以便输出值。先运行一次不加 echo 的脚本，再运行加 echo 的脚本。

```
1  >> mkfigAro2

2  worddata =

3  Columns 1 through 4

4  {464x1 cell}      {464x1 cell}      [464x1 double]      [464x1 double]

5  Columns 5 through 8

6  [464x1 double]    [464x1 double]    [464x1 double]      [464x1 double]

7  Columns 9 through 12

8  [464x1 double]    [464x1 double]    [464x1 double]      [464x1 double]

9  Columns 13 through 16

10  [464x1 double]   [464x1 double]    [464x1 double]      [464x1 double]

11  Columns 17 through 20

12  [464x1 double]   [464x1 double]    [464x1 double]      [464x1 double]

13  Column 21

14  [463x1 double]

15  types =
```

```
16  'neg hi ar'

17  'neg lo ar'

18  'pos hi ar'

19  'pos lo ar'

20  'rel neu'

21  'taboo'

22  'unrel neu'

23  mAro =

24  3.1987    2.5715    3.1730    2.6630    1.5595    4.3357    1.6551

25  stdAro =

26  0.5304    0.5505    0.8005    0.6961    0.2930    0.9896    0.3070

27  semAro =

28  0.0782    0.0812    0.1180    0.1026    0.0305    0.1032    0.0320

29  >> echo on

30  >> mkfigAro2

31  fid = fopen('JanschewitzB386appB.txt','r');

32  formatstring = ['%s %s' repmat('%f',1,19)];

33  worddata=textscan(fid,formatstring,'headerlines',5,'delimiter','\t')

34  worddata =

35  Columns 1 through 4

36  {464x1 cell}    {464x1 cell}    [464x1 double]    [464x1 double]

37  Columns 5 through 8

38  [464x1 double]    [464x1 double]    [464x1 double]    [464x1 double]

39  Columns 9 through 12

40  [464x1 double]    [464x1 double]    [464x1 double]    [464x1 double]
```

```
41   Columns 13 through 16

42   [464x1 double]      [464x1 double]      [464x1 double]      [464x1 double]

43   Columns 17 through 20

44   [464x1 double]      [464x1 double]      [464x1 double]      [464x1 double]

45   Column 21

46   [463x1 double]

47   fclose(fid);

48   types=unique(worddata{2}(1:460))

49   types =

50   'neg hi ar'

51   'neg lo ar'

52   'pos hi ar'

53   'pos lo ar'

54   'rel neu'

55   'taboo'

56   'unrel neu'

57   i=1;

58   mAro(i)=mean(worddata{18}(find(strcmp(worddata{2},types{i}))));

59   stdAro(i)=std(worddata{18}(find(strcmp(worddata{2},types{i}))));

60   nWord(i)=sum(strcmp(worddata{2},types{i}));

61   i=i+1;

62   mAro(i)=mean(worddata{18}(find(strcmp(worddata{2},types{i}))));

63   stdAro(i)=std(worddata{18}(find(strcmp(worddata{2},types{i}))));

64   nWord(i)=sum(strcmp(worddata{2},types{i}));

65   i=i+1;
```

```
 66   mAro(i)=mean(worddata{18}(find(strcmp(worddata{2},types{i}))));

      sum(strcmp(worddata{2},types{i}));

 85   mAro

 86   mAro =

 87      3.1987     2.5715     3.1730     2.6630     1.5595     4.3357     1.6551

 88   stdAro

 89   stdAro =

 90      0.5304     0.5505     0.8005     0.6961     0.2930     0.9896     0.3070

 91   semAro = stdAro./sqrt(nWord)

 92   semAro =

 93      0.0782     0.0812     0.1180     0.1026     0.0305     0.1032     0.0320

 94   bar(mAro,'facecolor',imbhex2color('91D2E2'))

 95   hold on

 96   errorbar(1:7,mAro,semAro,'.k','markersize',1)

 97   axis([0 8 1 9])

 98   set(gca,'XTickLabel',types)

 99   set(gca,'TickDir','out')

100   xlabel('Word Type')

101   ylabel('Mean Rating')

102   title('Arousal')

103   plot([0 8],[1 1],'k')

104   box off

105   hold off

106   >> echo off
```

|5.2| 注释

现在，我们可以很容易地存储 MATLAB 命令行方便以后使用，最好能记住它们的用处。这点可以通过把注释加入代码中来实现。在 MATLAB 中，我们用"%注释"的形式来表示注释。因为要与别人分享代码，所以注释就显得特别重要。

```
1  % I can write whatever I want and MATLAB cant hear me!
```

在测试代码时，注释也是有用的；可以注释掉测试通过的代码块，只关注正在开发的代码。你还可以用%{开始注释文本块，并以%}来结束注释块。

```
1  %{
2  This is not going to get run by MATLAB.
3  %}
```

|5.3| 条件语句

创建脚本时，某些情况下只需要在既定时刻运行部分脚本，比如以动态方式方便地禁用代码，而不是简单地注释掉。例如，你在重新做计算时，不想重新绘制同一脚本中的相应的图形。条件语句的基本逻辑结构是 if-elseif-else。

```
1  if condition1
2  % do something
3  elseif condition2
4  % do something else
5  elseif condition3
6  % do some other thing
```

```
7  else
8  % if all else fails,what should we do?
9  end
```

　　总的说来，我们要告诉MATLAB，如果满足特定条件（条件1；比较/布尔语句），接下来应该"做什么"。如果不满足此条件，MATLAB就会前往下一个条件，即条件2，检查是否满足。如果不满足，MATLAB就会前往条件3。这个过程可以一直地进行下去，但是如果前面的条件都不满足，可以加入最后一个代码块以满足条件，这时用else就可以了（尽管可能不必要）。最后，用end结束，这样MATLAB就会知道这组条件语句已经结束，余下的不是条件语句中的代码。

　　举个更具体的例子，看看mkfigAro2.m文件中已修改的部分，这部分是在新变量genFig的基础上应用条件语句得到的。

```
1  genFig = 0;
2
3  fid = fopen('JanschewitzB386appB.txt','r');
4  formatstring = [' %s %s 'repmat('%f ',1,19)];
5  worddata=textscan(fid,formatstring,'headerlines',5,'delimiter','\t')
6  fclose(fid);
7
8  % the code for types,mAro,stdAro,nWord,and semAro,would go here,
9  % I just removed it for brevity
10
11  if genFig == 1
12  bar(mAro,'facecolor',imbhex2color('91D2E2'))
13  hold on
```

```
14  errorbar(1:7,mAro,semAro,'.k','markersize',1)

15  axis([0 8 1 9])

16  set(gca,'XTickLabel',types)

17  set(gca,'TickDir','out')

18  xlabel('Word Type')

19  ylabel('Mean Rating')

20  title('Arousal')

21  plot([0 8],[1 1],'k')

22  box off

23  hold off

24  else

25  % do nothing

26  end
```

贴士# 31

如果嵌套多重if语句，可以考虑使用swith-case-otherwise语句。

|5.4| 循环

注意到怎样重复使用代码行了吗？例如，在mkfigAro2.m中有个巨大的代码块（如下所示），用于对每种词汇类型的唤醒度求均值和标准差，以及统计每种词汇类型的词汇个数。

```
1  i=1;

2  mAro(i)=mean(worddata{18}(find(strcmp(worddata{2},types{i}))));

3  stdAro(i)=std(worddata{18}(find(strcmp(worddata{2},types{i}))));

4  nWord(i)=sum(strcmp(worddata{2},types{i}));
```

```
5   i=i+1;

6   mAro(i)=mean(worddata{18}(find(strcmp(worddata{2},types{i}))));

7   stdAro(i)=std(worddata{18}(find(strcmp(worddata{2},types{i}))));

8   nWord(i)=sum(strcmp(worddata{2},types{i}));

9   i=i+1;

10  mAro(i)=mean(worddata{18}(find(strcmp(worddata{2},types{i}))));

11  stdAro(i)=std(worddata{18}(find(strcmp(worddata{2},types{i}))));

12  nWord(i)=sum(strcmp(worddata{2},types{i}));

13  i=i+1;

14  mAro(i)=mean(worddata{18}(find(strcmp(worddata{2},types{i}))));

15  stdAro(i)=std(worddata{18}(find(strcmp(worddata{2},types{i}))));

16  nWord(i)=sum(strcmp(worddata{2},types{i}));

17  i=i+1;

18  mAro(i)=mean(worddata{18}(find(strcmp(worddata{2},types{i}))));

19  stdAro(i)=std(worddata{18}(find(strcmp(worddata{2},types{i}))));

20  nWord(i)=sum(strcmp(worddata{2},types{i}));

21  i=i+1;

22  mAro(i)=mean(worddata{18}(find(strcmp(worddata{2},types{i}))));

23  stdAro(i)=std(worddata{18}(find(strcmp(worddata{2},types{i}))));

24  nWord(i)=sum(strcmp(worddata{2},types{i}));

25  i=i+1;

26  mAro(i)=mean(worddata{18}(find(strcmp(worddata{2},types{i}))));

27  stdAro(i)=std(worddata{18}(find(strcmp(worddata{2},types{i}))));

28  nWord(i)=sum(strcmp(worddata{2},types{i}));
```

但愿你也认为这个代码块太臃肿啦。要是能以某种方式让每种词汇类型循环通过这些代码行，不是更好吗？如果这样想的话，你就来对地方了。

实际上，for循环允许循环通过代码块，但前提是每次通过代码块时，你要修改一次变量的值。上面的代码就是按照这个逻辑来写的，不过要花点儿时间逐渐实现。

让我们先从简单的开始。运行这个代码：

```
1  for i=1:10
2  i
3  end
```

MATLAB会这样响应：

```
1  i =
2  1
3  i =
4  2
5  i =
6  3
7  i =
8  4
9  i =
10 5
11 i =
12 6
13 i =
14 7
15 i =
16 8
```

```
17  i =
18  9
19  i =
20  10
```

　　我们首先来看循环。这里的循环是指在改变变量的同时，遍历一系列命令的一种方法。我们也可以用第 1 章的技巧改变步长，这样就不必遍历取值范围内的每个值。

　　代码：

```
1  for i=1:2:10
2  i
3  end
```

　　输出结果：

```
1   i =
2   1
3   i =
4   3
5   i =
6   5
7   i =
8   7
9   i =
10  9
```

　　代码：

```
1  for i=0:10:100
2  i
```

```
3  end
```

输出结果：

```
 1  i =
 2  0
 3  i =
 4  10
 5  i =
 6  20
 7  i =
 8  30
 9  i =
10  40
11  i =
12  50
13  i =
14  60
15  i =
16  70
17  i =
18  80
19  i =
20  90
21  i =
22  100
```

让我们看看for循环是怎样工作的，并在图5-1中阐释这个代码块。

如果我们要用一个只有几行的求均值和标准差的代码行来代替那个巨大的代码块，该怎么办呢？当然不只是删除一堆换行符。这个代码的功能应与以前那个巨大的代码块一样。

```
1  for  i=1:length(types)
2  mAro(i)=mean(worddata{18}(find(strcmp(worddata{2},types{i}))));
3  stdAro(i)=std(worddata{18}(find(strcmp(worddata{2},types{i}))));
4  nWord(i)=sum(strcmp(worddata{2},types{i}));
5  end
```

图 5-1 为 for 循环的结构流程图。

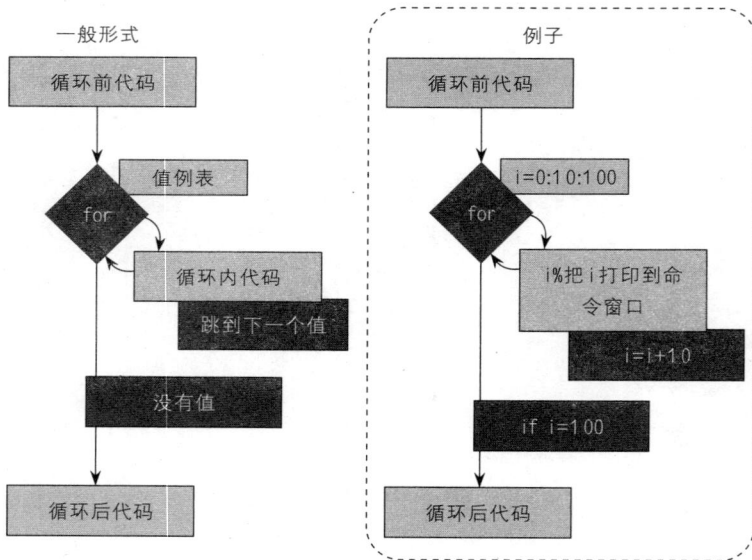

图 5-1   for循环的结构流程图

注：左边显示的是一般的逻辑结构，右边是具体的例子。黑色矩形框中的代码没有明确给出，而是作为 for 循环的一部分自动给出。

试一试！查看mkfigAro3.m文件，看看它的实际运行效果如何。

for循环不是唯一的循环语句。While循环也很有用，而且比for循环的用处更广泛。

|5.5| 初始化矩阵

在本章的for循环语句中，变量的长度会随着循环增加。开始它只有1个值，结束时就有7个。当我们使用这样相对短的变量时，MATLAB能相对容易地增加变量的长度。但是，如果我们最后使用的变量长度很大，分配给变量的计算机内存就会增加，这种行为将导致MATLAB运行速度放慢。不过这点很容易修正，我们可以先创建一个"最后"长度的矩阵，然后像以前一样在通过for循环的同时填充内容。这里，有几种方法可以帮助实现它，比如初始化一个新的矩阵，全部由0或1构成。二者的语法是相当简单的：

```
1  >> zeros(1,7)

2  ans =

3  0    0    0    0    0    0    0

4  >> ones(1,7)

5  ans =

6  1    1    1    1    1    1    1

7  >> ones(2,3)

8  ans =

9  1    1    1

10 1    1    1
```

还有一种选择就是用rand函数创建一个在0和1之间取值的随机数矩

阵。在计算机模拟中创建初始化矩阵时，大型的随机数矩阵非常有用。哪种方法最好取决于你想要什么样的初始化矩阵。

```
1  >> rand(4,5)
2  ans =
3  0.8147    0.6324    0.9575    0.9572    0.4218
4  0.9058    0.0975    0.9649    0.4854    0.9157
5  0.1270    0.2785    0.1576    0.8003    0.7922
6  0.9134    0.5469    0.9706    0.1419    0.9595
```

贴士#33

如果对 rand 有兴趣，你也可以研究 randn 和 randperm。

如果你不想创建一个实际数字矩阵，还可以考虑用 nan 函数创建一个 NaN 值矩阵。

```
1  >> nan(3,5)
2  ans =
3  NaN    NaN    NaN    NaN    NaN
4  NaN    NaN    NaN    NaN    NaN
5  NaN    NaN    NaN    NaN    NaN
```

在其他情况下，你可能需要的不仅仅是一个重复数的占位符。请注意，你可以用任意数作为占位符，只要用想要的数乘以 ones 即可。如果你需要一个由自定义数据组成的重复序列，那么可以用 repmat，这个函数在 2.6.3 节已经讨论过了。

|5.6| 实际操作

尽管我们一直使用的示例数据集跟以后的数据集差不多，但还有一个关键的区别：在以后的数据集中，通常每个受试者都有各自的数据文件。在这种情况下，for循环是非常适合的，此时，我们只要把用于加载和分析单个主题数据的代码放进循环即可。

现在，我们来试用新的示例数据集。

5.6.1　新数据集

在 Bogacz，Hu，Holms 和 Cohen（2010；实验1）的研究中，受试者被标记为电脑屏幕上的一组点。在每次试验中，一部分点转向（移动到）屏幕的左侧或右侧，同时其余点随机定位。受试者被要求判断这些点是否移到左边或右边，这是一个二项必选决策任务（2-AFC）。在两个试验单元之间，一个试验启动与下一个试验启动的间隔时间通过实验控制为0.5秒、1秒或2秒。因变量是错误率（即1-准确性；高错误率意味着更多错误的反应/更低的准确性）和反应时。在某种条件下，错误的反应（延时处罚）也会延长间隔时间。此外，为了强化动机，受试者每做一个正确反应都会得到1美分的奖励。

虽然 Bogacz et al.（2010）使用这项任务和计算模型的目的是测试时间间隔对速度–准确性权衡的影响，但是这里我们只关注行为数据本身。关于实验设计的更多内容，可自行参考文献。

该实验的数据以 .mat 格式保存在本书配套的数据文件的文件夹 decision1 中，由第一作者提供。

5.6.2　基本分析

在深入讨论之前，让我们先下载一个主题的数据，查看要用的变量。

```
1  >> load('subject401')
2  >> who
3  Your variables are:
```

| 4 D | ER | ST | money |
| 5 Dpen | RT | blocknum | trialnum |

我们也可以使用 whos 获得关于这些变量的更多信息。

```
1  >> whos
2  Name        Size        Bytes       Class       Attributes
3  D           1x1130      9040        double
4  Dpen        1x1130      9040        double
5  ER          1x1130      1130        logical
6  RT          1x1130      9040        double
7  ST          1x1130      1130        logical
8  blocknum    1x1130      9040        double
9  money       1x1          8          double
10 trialnum    1x1130      9040        double
```

Whos 最大的好处是可以很容易显示所有变量的大小以及格式（'数据类型'）——这里都是数字。

尽管变量名很容易看懂，但数据中还是提供了变量描述。这些描述可在与数据位于同一个文件夹中的 data_legend.txt 文件中找到，也在这儿列出。

```
1  blocknum-number of block within the experiment, during which the trial
2  was performed
3  trialnum-number of trial within the block
4  D-the delay between the response on this trial and onset of the
5  next trial
6  Dpen-additional penalty delay for making an error
7  ST-binary vector describing the stimulus on the given trial,
8  i.e. whether dots were moving leftwards or rightwards
```

```
 9  ER-binary vector describing whether participant made
10  incorrect response on this trial
11  RT-reaction time on the given trial [in seconds]
```

让我们先做些容易的事：不考虑实验条件，这个受试者的平均错误率和反应时是多少？

```
1  >> mean(ER)

2  ans =

3  0.2469

4  >> mean(RT)

5  ans =

6  0.7521
```

现在，我们可知受试者在将近1/4的试验中是错误的，并且做出反应平均要花费大约3/4秒。当然，实际上，实验中有几个条件用于测试决策中的速度-准确性的权衡。在这个实验中，有4个条件：（1）间隔时间=0.5秒，（2）间隔时间=1秒，（3）间隔时间=2秒，（4）延时惩罚1.5秒，间隔时间=0.5秒。从条件1开始求平均错误率和反应时。

```
1  >> ERsub(1) = mean(ER(find(D==0.5 & Dpen==0)))

2  ERsub =

3  0.2882

4  >> RTsub(1) = mean(RT(find(D==0.5 & Dpen==0)))

5  RTsub =

6  0.6940
```

希望这些代码行有用。如果你还不明白，可以再翻看3.7节。这些值保存在 ERsub 和 RTsub 的第一个索引中，表示它们是第一个条件下主题的均值。试试看能否得到其他三个条件下的平均错误率和反应时，并分别把它们保存在 ERsub 和 RTsub 相应的索引中。

你是怎样做的呢？跟下面的做法一样吗？

```
 1  >> ERsub(2)  =  mean(ER(find(D==1  &  Dpen==0)))

 2  ERsub =

 3  0.2882        0.2092

 4  >> ERsub(3)  =  mean(ER(find(D==2  &  Dpen==0)))

 5  ERsub =

 6  0.2882        0.2092        0.2020

 7  >> ERsub(4)  =  mean(ER(find(D==0.5  &  Dpen==1.5)))

 8  ERsub =

 9  0.2882        0.2092        0.2020        0.2794

10  >> RTsub(2)  =  mean(RT(find(D==1  &  Dpen==0)))

11  RTsub =

12  0.6940        0.7432

13  >> RTsub(3)  =  mean(RT(find(D==2  &  Dpen==0)))

14  RTsub =

15  0.6940        0.7432        0.8165

16  >> RTsub(4)  =  mean(RT(find(D==0.5  &  Dpen==1.5)))

17  RTsub =

18  0.6940        0.7432        0.8165        0.7651
```

你可以看到，在前3个条件中，随着间隔时间的延长，受试者的错误减少，反应也变慢（即速度-准确性权衡）。比较条件1和条件4，这两种条件下时间间隔相同，当延时处罚时（条件4），受试者的表现稍微好些，但是反应时变长。

5.6.3 跨受试者的自动分析

从单个受试者出发，试着对所有的20个受试者进行自动分析。第一个难关是如何自动加载受试者的数据。本节开头通过直接指定主题的文件加载这个特定对象，但是我们如果要用for循环加载所有受试者的数据就不能这么做了。

for循环和元胞数组（有点儿像"水果燕麦圈和芹菜"？）

如果受试者较少，可以用受试者的文件名组成元胞数组。在目前的情况下，这不是个特别好的解决方法，不过我们可以看看它是如何运行的。为了测试代码是否加载了每个受试者的数据，也可以试着获取每个受试者的试验次数，因为这个实验中所有受试者的试验次数不固定。

下面是这种"解决方法"的代码：

```
1  fnames={'subject401','subject402','subject403','subject404',...
2  ' subject405'};
3
4  for sub = 1:5
5  load(fnames{sub})
6  nTrial(sub) = length(ER);
7  end
8
9  nTrial
```

输出结果如下所示：

```
1  nTrial =
2  1        130       1351      1054      1169      1136
```

这个代码看上去虽然有用，不过它既臃肿又繁琐，而这正是使用MAT-

LAB时要避免的。

想要更有创意，我们可以重写代码，并加以优化：我们可以删除文件名中的冗余部分，即所有受试者文件名中固定不变的部分，并用文件名的编号构建for循环。

```
1  fnames = {'01','02','03','04','05'};

2

3  for sub = 1:length(fnames)

4  load(['subject4' fnames{sub}])

5  nTrial(sub) = length(ER);

6  end

7

8  nTrial
```

输出结果与前面一样。这个版本显然更好些，但是把所有受试者的编号列出来，这样显得太笨。要是能用编号构建文件名——一个字符串，不是更好些吗？当然，MATLAB为此提供了一个函数——sprintf。

Sprintf适用于根据存储在变量中的值创建字符串，尤其是这些值为数字时更有用。用前面学过的"%f"格式化符号来试一下。

```
1  >> sub = 2;

2  >> sprintf('%f',sub)

3  ans =

4  2.000000
```

看起来不错，但绝对还可以再完美一些。让我们想想还能有什么更好的办法，再修改一下。要了解sprintf函数中更多可用的格式，可以用doc。

```
1  >> sprintf('%.0f',sub)

2  ans =
```

```
3 2

4 >> sprintf('%02.0f ' , sub)

5 ans =

6 02

7 >> sprintf('subject4%02.0f ' , sub)

8 ans =

9 subject402
```

好多了！这样真正需要的全部代码就是这两行：

```
1 >> sub = 2 ;

2 >> sprintf('subject4%02.0f ' , sub)

3 ans =

4 subject402
```

现在，让我们试在 for 循环中使用 sprintf，并做相应的改变。

```
1 lastsub = 5 ;

2

3 for sub = 1 : lastsub

4 load( sprintf('subject4%02.0f ', sub) )

5 nTrial( sub ) = length( ER ) ;

6 end

7

8 nTrial
```

现在的这个版本非常好！不过，更重要的是要认识到，在 MATLAB 中通常有很多方法来实现想做的分析。有时，一种方法比另一种方法略好点儿，但在其他时候，它们可能功能相同。所以，最好尝试用多种方法实现一个分析以测试它们的功能是否相当。

跳过缺省的主题编号

在某些情况下，由 for 循环驱动的分析可能最终会跳过或者剔除某些主题的编号。例如，可能有些受试者没有参与实验，但你还把编号当作是他们的。也有可能，你在初步分析中发现他们表现不佳（比如，低于几率），想把他们从进一步的分析中剔除。这时可以利用前面提到的 setdiff 函数来应对这些状况。让我们一起来看看。

```
1   sublist = 1:5;

2   skipped = 4;

3

4   sublist = setdiff(sublist, skipped);

5

6   for sub = sublist

7       load(sprintf('subject4%02.0f', sub))

8       nTrial(sub) = length(ER);

9   end

10

11  nTrial

12  nTrial(sublist)
```

请注意，输出结果如下所示：

```
1   nTrial =

2   1130        1351        1054        0       1136

3   ans =

4   1130        1351        1054        1136
```

即使我们跳过了主题 4，它在变量 nTrial 中仍有索引。但是，由于没有指定任何值，MATLAB 会在这个位置自动填充值，而不只是直接跳到主题 5。

如果看 nTrial（sublist），其输出结果中如上所示作为 ans 列出，而我们却只看到数据 ID 对应的值。这么做完全可以，但你要确保在进一步分析时记住，如计算均值。下面举个例子：

```
1  >> mean(nTrial)
2  ans =
3  934.2000
4  >>mean(nTrial(sublist))
5  ans =
6  1.1678e+03
```

切记：这时要小心，不小心把 0 计入求均值会造成很大差异！若有疑问，你可以直接回到分析（比如 nTrial）中去查看值，确保它们都有意义。

贴士 # 34

当使用自定义数据时，你也许不想把数据和分析脚本放在同一文件夹中。使用 load 函数，你可以很容易地把路径包含在其中，比如 load（sprintf（'../data/subject4%02.0f'，sub））可从当前目录进入"data"文件夹。通常这样做很好，但尽量不要把变量命名为 path，因为 path 也是 MATLAB 中的一个函数。

高级：使用 dir 构造智能 for 循环

在第 2 章，我们学到 dir 可被用于列出一个目录的内容。但是，它还可以做更多的事情：我们可以用代码把目录列表存储在变量里以方便使用。然而，dir 的输出结果是另一种变量类型：结构体。结构体相当复杂，因此我们把这一小节划归为"高级"。要想学习关于结构体的更多内容的话，在 MATLAB 中有一个内置的演示程序，可以通过 strucdem 函数运行。

回到刚才的主题，这个代码块可以动态地加载当前文件夹的内容，即使受试者或文件的确切数目发生变化、文件重命名、文件更名，也不需要做任何调整。

```
1  dirlist = dir('subject4*');
2
3  for  i = 1:length(dirlist)
4  load(dirlist(i).name)
5  nTrial(i) = length(ER);
6  end
7
8  nTrial
```

5.6.4 自动分析

现在，我们开始编写代码做分析，计算特定条件下的均值。首先，让我们从这个版本的代码入手。该代码作为analysis1.m保存在当前目录中。

```
1  lastsub = 5;
2  skipped = [ ];
3
4  sublist = setdiff(1:lastsub,skipped);
5
6  for sub = sublist
7  load(sprintf('subject4%02.0f',sub))
8  end
```

接下来，让我们把以前做过的分析粘贴过来，但要加上分号，保证输出结果不会每次都被印在命令窗口。我们还要添加一些注释，便于以后阅读。这个版本的代码保存为analysis2.m。

```
1  % only load the data for a few subjects for now
```

```matlab
 2  lastsub = 5;

 3  skipped = [ ];

 4

 5  sublist = setdiff(1:lastsub,skipped);

 6

 7  for sub = sublist

 8

 9  %load the .mat life

10  load(sprintf('subject4%02.0f',sub))

11

12  % calculate the subject's mean error rates

13  ERsub(1) = mean(ER(find(D==0.5 & Dpen==0)));

14  ERsub(2) = mean(ER(find(D==1 & Dpen==0)));

15  ERsub(3) = mean(ER(find(D==2 & Dpen==0)));

16  ERsub(4) = mean(ER(find(D==0.5 & Dpen==1.5)));

17

18  % response times too

19  RTsub(1) = mean(RT(find(D==0.5 & Dpen==0)));

20  RTsub(2) = mean(RT(find(D==1 & Dpen==0)));

21  RTsub(3) = mean(RT(find(D==2 & Dpen==0)));

22  RTsub(4) = mean(RT(find(D==0.5 & Dpen==1.5)));

23

24  % print this is to the screen for now

25  sub

26  ERsub
```

```
27  RTsub
28  end
```

运行这个脚本，会得到如下输出结果：

```
 1  sub =
 2  1
 3  ERsub =
 4  0.2882        0.2092        0.2020        0.2794
 5  RTsub =
 6  0.6940        0.7432        0.8165        0.7651
 7  sub =
 8  2
 9  ERsub =
10  0.1809        0.1264        0.0677        0.1294
11  RTsub =
12  0.5099        0.5011        0.5770        0.5277
13  sub =
14  3
15  ERsub =
16  0.1510        0.1957        0.1577        0.2186
17  RTsub =
18  0.8935        0.8119        1.0018        0.8639
19  sub =
20  4
21  ERsub =
22  0.1677        0.1752        0.1000        0.1075
```

```
23  RTsub =

24  0.7670          0.7788          0.7942          0.6999

25  sub =

26  5

27  ERsub =

28  0              0.0236          0              0.0065

29  RTsub =

30  0.7652          0.9697          0.9011          0.8451
```

太好了！我们现在可以得到这5个受试者中每个人的错误率和反应时。然而，for循环每运行一次，ERsub 和 RTsub 的内容就会被重写一次。刚开始时这样写代码很重要，但是脚本不能存储每个受试者的均值。

5.6.5　合并变量

连接变量

合并变量的一个方法是把变量的值连接在一起。最简单的方法是 horzcat 和 vercat。让我们举个简单的例子。

```
1  >> ERsub1 = [ 0.2882     0.2092     0.2020     0.2794 ];

2  >> ERsub2 = [ 0.1809     0.1264     0.0677     0.1294 ];

3  >> horzcat(ERsub1,ERsub2)

4  ans =

5  Columns 1 through 5

6  0.2882     0.2092     0.2020     0.2794     0.1809

7  Columns 6 through 8

8  0.1264     0.0677     0.1294

9  >> vertcat(ERsub1,ERsub2)

10  ans =
```

11	0.2882	0.2092	0.2020	0.2794
12	0.1809	0.1264	0.0677	0.1294

还有更常用的方法 cat。cat 需要 3 个输入数据：第一个是串联的维度，随后是用于串联的两个变量。

```
1  >> cat(1,ERsub1,ERsub2)
2  ans =
3  0.2882    0.2092    0.2020    0.2794
4  0.1809    0.1264    0.0677    0.1294
5  >> cat(2,ERsub1,ERsub2)
6  ans =
7  Columns 1 through 5
8  0.2882    0.2092    0.2020    0.2794    0.1809
9  Columns 6 through 8
10 0.1264    0.0677    0.1294
```

cat 基本上兼有 horzcat 和 vertcat 两者的功能，而且更灵活。正如第 1 章中所示，我们也可以不用函数而用方括号来连接变量。

```
1  >> [ERsub1 ERsub2]
2  ans =
3  Columns 1 through 5
4  0.2882    0.2092    0.2020    0.2794    0.1809
5  Columns 6 through 8
6  0.1264    0.0677    0.1294
7  >> [ERsub1,ERsub2]
8  ans =
9  Columns 1 through 5
```

10	0.2882	0.2092	0.2020	0.2794	0.1809
11	Columns 6 through 8				
12	0.1264	0.0677	0.1294		
13	>> [ERsub1 ; ERsub2]				
14	ans =				
15	0.2882	0.2092	0.2020	0.2794	
16	0.1809	0.1264	0.0677	0.1294	

用 for 循环来尝试一下，如 analysis3.m 中所示。

```
1   % only load the data for a few subjects for now
2   lastsub = 5;
3   skipped = [ ];
4
5   sublist = setdiff(1 : lastsub, skipped);
6
7   % initialize variables for sorting ERs and RTs across participants
8   ERs = [ ];
9   RTs = [ ];
10
11  for sub = sublist
12
13  %load the .mat life
14  load(sprintf(subject4%02.of, sub))
15
16  1% calculate the subjects mean error rates
17  lERsub(1) = mean(ER(find(D==0.5 & Dpen==0)));
```

```
18  lERsub(2) = mean(ER(find(D==1 & Dpen==0)));
19  lERsub(3) = mean(ER(find(D==2 & Dpen==0)));
20  lERsub(4) = mean(ER(find(D==0.5 & Dpen==1.5)));
21
22  l% response times too
23  lRTsub(1) = mean(RT(find(D==0.5 & Dpen==0)));
24  lRTsub(2) = mean(RT(find(D==1 & Dpen==0)));
25  lRTsub(3) = mean(RT(find(D==2 & Dpen==0)));
26  lRTsub(4) = mean(RT(find(D==0.5 & Dpen==1.5)));
27
28  l% store these values for later
29  lERs = [ ERs; ERsub ];
30  lRTs = [ RTs; RTsub ];
31  end
32
33  % lets see what we got
34  ERs
35  RTs
```

输出结果如下:

```
1  ERs =
2  0.2882      0.2092      0.2020      0.2794
3  0.1809      0.1264      0.0677      0.1294
4  0.1510      0.1957      0.1577      0.2186
5  0.1677      0.1752      0.1000      0.1075
6  0           0.0236      0           0.0065
```

7	RTs =			
8	0.6940	0.7432	0.8165	0.7651
9	0.5099	0.5011	0.5770	0.5277
10	0.8935	0.8119	1.0018	0.8639
11	0.7670	0.7788	0.7942	0.6999
12	0.7652	0.9697	0.9011	0.8451

再次跳过 4 号受试者。这时会得到不同的输出结果。

1	ERs =			
2	0.2882	0.2092	0.2020	0.2794
3	0.1809	0.1264	0.0677	0.1294
4	0.1510	0.1957	0.1577	0.2186
5	0	0.0236	0	0.0065
6	RTs =			
7	0.6940	0.7432	0.8165	0.7651
8	0.5099	0.5011	0.5770	0.5277
9	0.8935	0.8119	1.0018	0.8639
10	0.7652	0.9697	0.9011	0.8451

你是否注意到第 4 个受试者的代码行没有留下？既没有 NaN 值，也没零值或其他。在这种情况下，我们只要正常使用 mean 就可以了，但不能用 sublist，否则会出错。

1	>> mean(ERs)			
2	ans =			
3	0.1550	0.1387	0.1069	0.1585
4	>> mean(ERs(sublist,:))			
5	??? Index exceeds matrix dimensions.			

错误的原因在于变量 sublist 需要 MATLAB 访问 ERs 的第5行，但这行不存在。第6章我们将更详细地讨论错误。

不用连接变量，还有可以用其他方式来实现这个操作。

初始化矩阵以便存储

解决这个问题的另一个办法是，用前面已经学过的函数之一建立初始化矩阵，然后在求均值中替换那个特定的受试者。我们现在就来操作。

```
 1  % only load the data for a few subjects for now
 2  lastsub = 5;
 3  skipped = [ ];
 4
 5  sublist = setdiff(1:lastsub,skipped);
 6
 7  % initialize variables for storing ERs and RTs across participants
 8  ERs = nan(length(sublist),4);
 9  RTs = nan(length(sublist),4);
10
11  for  sub = sublist
12
13  % load the .mat life
14  load(sprintf('subject4%02.0f',sub))
15
16  % calculate the subject's mean error rates
17  ERsub(1) = mean(ER(find(D==0.5 & Dpen==0)));
18  ERsub(2) = mean(ER(find(D==1 & Dpen==0)));
19  ERsub(3) = mean(ER(find(D==2 & Dpen==0)));
```

```
20  ERsub(4) = mean(ER(find(D==0.5 & Dpen==1.5)));
21
22  % response times too
23  RTsub(1) = mean(RT(find(D==0.5 & Dpen==0)));
24  RTsub(2) = mean(RT(find(D==1 & Dpen==0)));
25  RTsub(3) = mean(RT(find(D==2 & Dpen==0)));
26  RTsub(4) = mean(RT(find(D==0.5 & Dpen==1.5)));
27
28  % store these values for later
29  ERs(sub,:) = ERsub;
30  RTs(sub,:) = RTsub;
31  end
32
33  % let's see what we got
34  ERs
35  RTs
```

输出结果跟使用连接变量的结果一样。

```
1  ERs =
2  0.2882    0.2092    0.2020    0.2794
3  0.1809    0.1264    0.0677    0.1294
4  0.1510    0.1957    0.1577    0.2186
5  0.1677    0.1752    0.1000    0.1075
6  0         0.0236    0         0.0065
7  RTs =
8  0.6940    0.7432    0.8165    0.7651
```

9 0.5099	0.5011	0.5770	0.5277
10 0.8935	0.8119	1.0018	0.8639
11 0.7670	0.7788	0.7942	0.6999
12 0.7652	0.9697	0.9011	0.8451

这里使用 nan，所以很容易辨别是否缺省数据。该代码作为 analysis4.m 保存在当前文件夹中。

如果我们跳过 4 号受试者，变量 ERs 和 RTs 会怎么样呢？

1 ERs =			
2 0.2882	0.2092	0.2020	0.2794
3 0.1809	0.1264	0.0677	0.1294
4 0.1510	0.1957	0.1577	0.2186
5 NaN	NaN	NaN	NaN
6 0	0.0236	0	0.0065
7 RTs =			
8 0.6940	0.7432	0.8165	0.7651
9 0.5099	0.5011	0.5770	0.5277
10 0.8935	0.8119	1.0018	0.8639
11 NaN	NaN	NaN	NaN
12 0.7652	0.9697	0.9011	0.8451

如果我们要查看均值，要么使用变量 sublist 选定行求均值，要么使用 nanmean。这时我们不必担心不小心把 0 计入求均值，因为 mean 会返回 NaN 值，而不是错误的均值。

1 >> mean(ERs)			
2 ans =			
3 NaN	NaN	NaN	NaN

```
4  >> mean(ERs(sublist,:))

5  ans =

6  0.1550      0.1387      0.1069      0.1585

7  >> nanmean(ERs)

8  ans =

9  0.1550      0.1387      0.1069      0.1585
```

我们也可以用前面讨论过的 isnan 函数，不过要花费点儿功夫才能实现。下面会展示出这个备选方法所采取的步骤。

```
1  >> find(isnan(ERs))

2  ans =

3  4

4  9

5  14

6  19

7  >> isnan(ERs)

8  ans =

9  0     0     0     0

10 0     0     0     0

11 0     0     0     0

12 1     1     1     1

13 0     0     0     0

14 >> sum(isnan(ERs))

15 ans =

16 1     1     1     1

17 >> sum(isnan(ERs),2)
```

```
18  ans =

19  0

20  0

21  0

22  4

23  0

24  >> sum(isnan(ERs),2)>0

25  ans =

26  0

27  0

28  0

29  1

30  0

31  >>~sum(isnan(ERs),2)>0

32  ans =

33  1

34  1

35  1

36  0

37  1

38  >> find(~sum(isnan(ERs),2)>0)

39  ans =

40  1

41  2

42  3
```

```
43  5
44  >> mean( ERs( find( ~sum( isnan( ERs ), 2 )>0 ), : ) )
45  ans =
46  0.1550        0.1387        0.1069        0.1585
```

通过直接写入变量 ERs 和 RTs，而不是用 ERsub 和 RTsub 作为中间量，可以进一步完善代码。这点可以在 analysis5.m 实现，如下所示。

```
 1  % only load the data for a few subjects for now
 2  lastsub = 5 ;
 3  skipped = [ 4 ] ;
 4
 5  sublist = setdiff( 1 : lastsub, skipped ) ;
 6
 7  % initalize variables for strong ERs and RTs across participants
 8  ERs = nan( length( sublist ), 4 ) ;
 9  RTs = nan( length( sublist ), 4 ) ;
10
11  for  sub = sublist
12
13  % load the .mat file
14  load( sprintf( 'subject4%20.0f ', sub ) )
15
16  % calculate the subject's mean error rates
17  ERs( sub, 1 ) = mean( ER( find( D==0.5 & Dpen==0 ) ) ) ;
18  ERs( sub, 2 ) = mean( ER( find( D==1 & Dpen==0 ) ) ) ;
19  ERs( sub, 3 ) = mean( ER( find( D==2 & Dpen==0 ) ) ) ;
```

```
20  ERs(sub,4) = mean(ER(find(D==0.5 & Dpen==1.5)));

21

22  % response times too

23  RTs(sub,1) = mean(RT(find(D==0.5 & Dpen==0)));

24  RTs(sub,2) = mean(RT(find(D==1 & Dpen==0)));

25  RTs(sub,3) = mean(RT(find(D==2 & Dpen==0)));

26  RTs(sub,4) = mean(RT(find(D==0.5 & Dpen==1.5)));

27

28  end

29

30  % let's see what we got

31  ERs

32  RTs
```

输出结果和以前完全一样。

若要进一步提高代码的效率，也可以在已有的for循环中再嵌套一个for循环，让代码循环通过四个条件计算错误率和反应时，不用像以前一样手动操作，从而减少重复行。

```
the .mat file

18  load(sprintf('subject4%02.0f',sub))

19

20  % calculate the subject's means

21  for cond = 1:length(condD)

22  ERs(sub,cond) = mean(ER(find(D==condD(cond) & ...

23  Dpen==condDpen(cond))));

24  RTs(sub,cond) = mean(RT(find(D==condD(cond) & ...
```

```
25  Dpen==condDpen(cond)))));
26  end
27
28  end
29
30  % let's see what we got
31  ERs
32  RTs
```

看看代码是怎样变得更简洁的呢？这个代码看上去也更复杂了，但相信你现在可以应付。

贴士 # 35

如果额外增加变量使分析变得更复杂的话，也许你会想构建循环自动运行ERs，RTs和其他增加的变量的相同的代码行。使用eval函数可以解决这个问题。该函数可以对字符串求解，并把它作为命令运行。用eval（'1+1'）和eval（'test=12'）试一下。eval是功能非常强大的函数，尤其是在与sprintf结合起来使用时。

5.6.6　完成程序

我们现在已经使用for循环成功地对多个主题进行基本分析。继续添加代码来求样本的均值和SEM，绘制一两个图形，并把分析推广到所有受试者的样本中。

```
1  mERs = mean(ERs(sublist,:));
2  semERs = std(ERs(sublist,:))./sqrt(length(sublist));
3  mRTs = mean(RTs(sublist,:));
4  semRTs = std(RTs(sublist,:))./sqrt(length(sublist));
```

现在让我们来对结果进行绘图。

```
1   xticks = {'0.5','1','2','0.5+1.5'};

2   subplot(2,1,1)

3   bar(mERs,'facecolor',[ 0.6 0.6 0.8 ])

4   hold on

5   errorbar(1:4,mERs,semERs,'.k','markersize',1)

6   xlabel('Delay Condition')

7   ylabel('Error Rate')

8   axis([ 0.5 4.5 0 0.3 ])

9   set(gca,'XTick',1:4)

10  set(gca,'YTick',0:0.05:0.3)

11  set(gca,'XTickLabel',xticks)

12  set(gca,'TickDir','out')

13  box off

14  hold off

15

16  subplot(2,1,2)

17  bar(mRTs,'facecolor',[ 0.6 0.6 0.8 ])

18  hold on

19  errorbar(1:4,mRTs,semRTs,'.k','markersize',1)

20  xlabel('Delay Condition')

21  ylabel('Reaction Time（s）')

22  axis([ 0.5 4.5 0.6 1 ])

23  plot([ 0 5 ],[ 0.6 0.6 ],'k')

24  set(gca,'XTick',1:4)

25  set(gca,'YTick',0.6:0.1:1)

26  set(gca,'XTickLabel',xticks)
```

```
27  set(gca,'TickDir','out')

28  box off

29  hold off
```

代码运行的结果如图5-2所示。

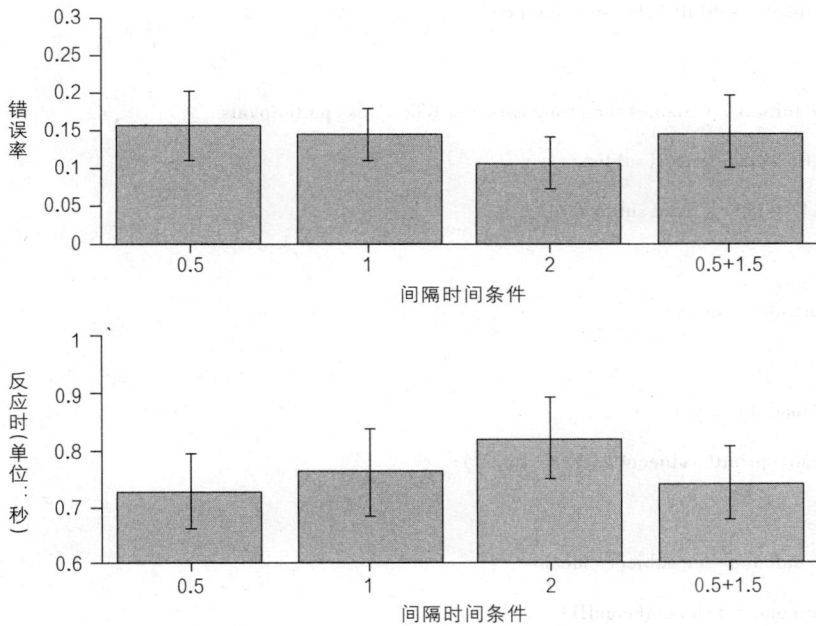

图5-2   前5个受试者的错误率和反应时

把lastsub调整为所加载的20个受试者的全部样本，所得结果如图5-3
所示。这个版本的脚本代码保存为analysis7.m，如下所示。

```
1  %% settings

2  lastsub = 20;

3  skipped = [ ];
```

```matlab
 4
 5   condD = [ 0.5 1 2 0.5];
 6   condDpen = [ 0 0 0 1.5 ];
 7
 8   %% analyses start here
 9   sublist = setdiff(1:lastsub,skipped);
10
11   % initialize variables for strong ERs and RTs across participants
12   ERs = nan(length(sublist),4);
13   RTs = nan(length(sublist),4);
14
15   for sub = sublist
16
17   %load the .mat file
18   load(sprintf('subject4%02.0f',sub))
19
20   % calculate the subject's means
21   for cond = 1:length(condD)
22   ERs(sub,cond) = mean(ER(find(D==condD(cond) & ...
23   Dpen==condDpen(cond))));
24   RTs(sub,cond) = mean(RT(find(D==condD(cond) & ...
25   Dpen==condDpen(cond))));
26   end
27
28   end
```

```
29
30  % states on the sample
31  mERs = mean(ERs(sublist,:));
32  semERs = std(ERs(sublist,:))./sqrt(length(sublist));
33  mRTs = mean(RTs(sublist,:));
34  semRTs = std(RTs(sublist,:))./sqrt(length(sublist));
35
36  %% figure
37  xticks ={'0.5','1','2','0.5'+1.5'};
38  subplot(2,1,1)
39  bar(mERs,'facecolor',[ 0.6 0.6 0.8 ])
40  hold on
41  errorbar(1:4,mERs,semERs,'.k','markersize',1)
42  xlabel('Delay Condition')
43  ylabel('Error Rate')
44  axis([ 0.5 4.5 0 0.3 ])
45  set(gca,'XTick',1:4)
46  set(gca,'YTick',0:0.05:0.3)
47  set(gca,'XTickLabel',xticks)
48  set(gca,'TickDir','out')
49  box off
50  hold off
51
52  subplot(2,1,2)
53  bar(mRTs,'facecolor',[ 0.6 0.6 0.8 ])
54  hold on
```

```
55  errorbar(1:4,mRTs,semRTs,'.k','markersize',1)

56  xlabel('Delay Condition')

57  ylabel('Reaction Time (s)')

58  axis([ 0.5 4.5 0.6 1 ])

59  plot([0 5],[0.6 0.6],'k')

60  set(gca,'XTick',1:4)

61  set(gca,'YTick',0.6:0.1:1)

62  set(gca,'XTickLabel',xticks)

63  set(gca,'TickDir','out')

64  box off

65  hold off
```

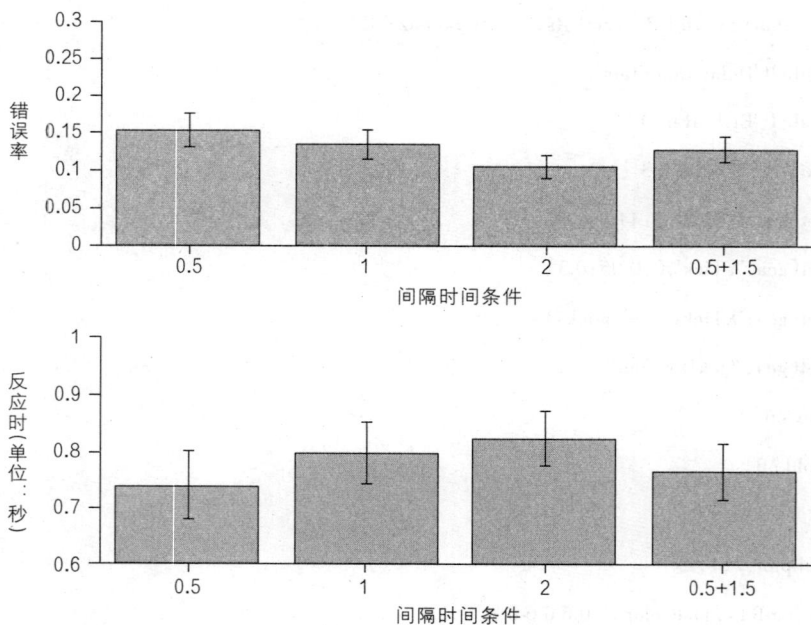

图 5-3   20 个受试者的错误率和反应时

|5.7| 创建交互式脚本

脚本的好处在于能够自动运行代码行，但有时在运行中需要与代码有一定程度的交互。

让我们从简单的脚本开始。

```
1  lastsub = 10;

2

3  for sub = 1:lastsub

4  sub

5  %load files and do analysis

6  end
```

如上所示，该脚本只用来呈现前面一直在用的一个基本框架。它保存在 demo 文件夹中，名为 interact1.m。

运行它，只是为了统计 for 循环的次数。

```
1  >> interact1

2  sub =

3  1

4  sub =

5  2

6  sub =

7  3

8  sub =

9  4

10  sub =

11  5
```

```
12  sub =
13  6
14  sub =
15  7
16  sub =
17  8
18  sub =
19  9
20  sub =
21  10
```

目前，该脚本中需要调整的变量只有 lastsub。如果你想手动编辑这个值，而不修改脚本，该怎么办呢？ input 函数可以做到这点。如果用下面的代码行取代程序中的第一行，运行脚本，MATLAB 就会提示输入 lastsub 的值，然后调整 for 循环运行的次数。

```
1  lastsub = input('What was the last subject number? ');
```

修改过的文件保存为 interact2.m。我们指定其值为 5，并运行。

```
1  >> interact2
2  What was the last subject number? 5
3  sub =
4  1
5  sub =
6  2
7  sub =
8  3
9  sub =
```

```
10  4

11  sub =

12  5
```

太好了！现在不用编辑 .m 文件就可以调整脚本了。

每循环一次，脚本就打印出 sub 的值，这样显得有点儿笨。如果不打印变量的值，而是在 MATLAB 的命令窗口打印出一行文本来显示脚本更新的进程，该怎么办呢？例如，让 MATLAB 用一句话告诉我们它正在分析主题 X 的数据，运行了百分之几，该怎么办呢？若脚本很短，这样做有些多余，但是当脚本很复杂，且要花数分钟运行时，更新状态就非常有用。当脚本可能卡住，需要调试时，更新状态尤为有用。

这次让我们反过来做。修改后的脚本输出结果如下。

```
 1  >> interact3

 2  What was the last subject number? 8

 3  Processing data from participant 1. 0 percent complete...

 4  Processing data from participant 2. 12 percent complete...

 5  Processing data from participant 3. 25 percent complete...

 6  Processing data from participant 4. 38 percent complete...

 7  Processing data from participant 5. 50 percent complete...

 8  Processing data from participant 6. 62 percent complete...

 9  Processing data from participant 7. 75 percent complete...

10  Processing data from participant 8. 88 percent complete...

11  All done! 100 percent complete.

12  >> interact3

13  What was the last subject number? 3

14  Processing data from participant 1. 0 percent complete...
```

```
15  Processing data from participant 2. 33 percent complete...

16  Processing data from participant 3. 67 percent complete...

17  All done! 100 percent complete.
```

生成这个结果的脚本称为 interact3.m，如下所示。

```
1  lastsub = input('What was the last subject number? ');

2

3  for  sub = 1 : lastsub

4  disp( sprintf( 'Processing data from participant %.Of. %.Of Percent

5  complete... ', sub, ( sub−1 )/lastsub*100 ) )

6  % load files and do analysis

7  end

8  disp( 'All done! 100 percent complete. ')
```

注：第4行在这儿断开了，分属第4行和第5行，但在脚本的"·m"文件中没有断开。这样做的原因是这行太长了，不适合打印页面。

贴士 # 36

如果有必要，你可以查阅 waitbar。

如上所示，这里加入了 disp 函数，该函数用于把文本打印到 MATLAB 命令窗口。函数本身没什么特别的，但与 sprintf 结合起来，就可以在运行中让脚本提供状态更新。

Disp 与 sprintf 一起，也可以做其他一些有用的事情，比如：

```
1  >> date

2  ans =

3  06-Jan-2013

4  >> disp( sprintf( 'Today is %s. ', date ) )
```

```
5 Today is 06-Jan-2013.
```

如果脚本更复杂，可以把脚本分成若干个，用"主"脚本按需调用其他脚本，这样也是可行的。例如，可以这样编写脚本：

```
1 config
2 loadData
3 doAnalysis
4 mkFigs
```

在该例中，config、loadData、doAnalysis 和 mkFigs 表示各自的脚本。

5.8 创建函数

当你自动运行一连串常用的命令时，就应该创建一个函数。正如本书中一直在用的 MATLAB 内置函数一样，你可以自定义函数。

在新建函数时，通常先在命令窗口编写一个脚本，并运行，然后把它调整为一个函数。让我们试着新建一个跟 nanmean 功能相当的函数，命名为 nmean，这样就不会跟 MATLAB 里的函数版本冲突了。首先，我们需要一个包含 NaN 值的数字矩阵。

```
1  data = rand(5,4);
2  data(2,2) = NaN;
3  data
```

这个代码的输出结果如下，尽管矩阵的值是基于 rand 产生的。该代码作为 nmean1.m 保存在 demo 文件夹中。

```
1 data =
2 0.6557      0.7577      0.7060      0.8235
3 0.0357      NaN         0.0318      0.6948
```

4	0.8491	0.3922	0.2769	0.3171
5	0.9340	0.6555	0.0462	0.9502
6	0.6787	0.1712	0.0971	0.0344

开始之前，让我们先来确认 mean 好不好用。然后让我们试求每列和每行的均值。

```
1  >> mean(data)
2  ans =
3  0.6307      NaN       0.2316       0.5640
4  >> mean(data,2)
5  ans =
6  0.7357
7  NaN
8  0.4588
9  0.6465
10 0.2454
11 >> nanmean(data)
12 ans =
13 0.6307      0.4942      0.2316       0.5640
14 >> nanmean(data,2)
15 ans =
16 0.7357
17 0.2541
18 0.4588
19 0.6465
20 0.2454
```

既然只有一个NaN值，而不是整行或整列，我们就不能像以前一样简单地跳过该行或列。我们使用for循环分别得到每行和每列的均值。

为了规避NaN值，我们可以用0来代替，再使用sum，然后除以非NaN值的个数得到nanmean。让我们开始为这个特殊的NaN值来编写代码。

```
 1  >> i = 2;
 2  >> data(:,i)
 3  ans =
 4  0.7577
 5  NaN
 6  0.3922
 7  0.6555
 8  0.1712
 9  >> isnan(data(:,i))
10  ans =
11  0
12  1
13  0
14  0
15  0
16  >> find(isnan(data(:,i)))
17  ans =
18  2
19  >> data0 = data(:,i);
20  >> data0(isnan(data(:,i))) = 0;
21  >> data0
```

```
22  data0 =
23  0.7577
24  0
25  0.3922
26  0.6555
27  0.1712
28  >> sum(data0)
29  ans =
30  1.9766
31  >> sum(~isnan(data(:,i)))
32  ans =
33  4
34  >> sum(data0)/sum(~isnan(data(:,i)))
35  ans =
36  0.4942
37  >> nanmean(data(:,i))
38  ans =
39  0.4942
```

我们现在来调整代码，以适用于整个矩阵。

```
1  >> data
2  data =
3  0.6557    0.7577    0.7060    0.8235
4  0.0357      NaN     0.0318    0.6948
5  0.8491    0.3922    0.2769    0.3171
6  0.9340    0.6555    0.0462    0.9502
```

```
 7  0.6787      0.1712      0.0971      0.0344
 8  >> isnan(data)
 9  ans =
10  0      0      0      0
11  0      1      0      0
12  0      0      0      0
13  0      0      0      0
14  0      0      0      0
15  >> notnan = sum(~isnan(data))
16  notnan =
17  5      4      5      5
18  >> data0 = data;
19  >> data0(isnan(data)) = 0;
20  >> data0
21  data0 =
22  0.6557      0.7577      0.7060      0.8235
23  0.0357      0           0.0318      0.6948
24  0.8491      0.3922      0.2769      0.3171
25  0.9340      0.6555      0.0462      0.9502
26  0.6787      0.1712      0.0971      0.0344
27  >> sum(data0)./notnan
28  ans =
29  0.6307      0.4942      0.2316      0.5640
30  >> nanmean(data)
31  ans =
```

| 32 | 0.6307 | 0.4942 | 0.2316 | 0.5640 |

太好了！我们分离出关键的代码行，存储在脚本中。

```
1   data = rand(5,4);

2   data(2,2) = NaN;

3   data

4

5   % count the non-NaNs

6   nontan= sum(~isnan(data));

7

8   % replace the NaN       with a zero

9   data0 = data;

10  data0(isnan(data)) = 0;

11

12  nm = sum(data0)./notnan
```

这个版本的代码保存为 nmean2.m。现在我们来做些修改，以便指定求均值的维度，从而可以按列求均值。

```
1   data = rand(5,4);

2   data(2,2) = NaN;

3   data

4

5   dim = 1;

6

7   % count the non-NaNs

8   notnan = sum(~isnan(data),dim);

9
```

```
10  % replace the NaN with a zero
11  data0 = data;
12  data0(isnan(data)) = 0;
13
14  nm = sum(data0,dim)./notnan
```

当 dim=1 时，代码运行结果跟以前一样。

```
1  nm =
2  0.6307      0.4942      0.2316      0.5640
```

当 dim=2 时，我们可以对另一个维度求均值。

```
1  nm =
2  0.7357
3  0.2541
4  0.4588
5  0.6465
6  0.2454
```

再与 nanmean 比较，看上去这个代码很完美了！这个版本的脚本保存为 nmean3.m。

```
1  >> nanmean(data,2)
2  ans =
3  0.7357
4  0.2541
5  0.4588
6  0.6465
7  0.2454
```

要把脚本变成函数，我们需要在顶部添加一行将其定义为函数，并指定输入哪个（些）变量，返回哪个（些）变量。基本操作如下所示：

```
1  function out = functionName(in)
```

此时，我们做如下操作：

```
1  function nm = nmean4(data, dim)
```

定义了 function，我们就可以从新函数中删除生成变量 data 和 dim 的代码。完整的函数代码如下所示，并命名为 nmean4.m。

```
1   function nm = nmean4(data, dim)
2
3   % count the non-NaNs
4   notnan = sum(~isnan(data), dim);
5
6   % replace the NaN wth a zero
7   data0 = data;
8   data0(isnan(data)) = 0;
9
10  nm = sum(data0, dim)./notnan;
```

让我们试一下！

```
1  >> nmean4(data, 1)
2  ans =
3  0.6307      0.4942      0.2316      0.5640
4  >> nmean4(data, 2)
5  ans =
6  0.7357
7  0.2541
8  0.4588
```

9	0.6465
10	0.2454

当然，总有办法来优化代码。例如，如果不指定第二个输入变量（维度），函数将返回一个错误值，而真正的 nanmean 默认为第一个维度。

```
1  >> nmean4(data)
2  ??? Input argument "dimis" undefined.
3  Error in ==> nmean4 at 4
4  notnan = sum(~isnan(data),dim);
5
6  >> nanmean(data)
7  ans =
8  0.6307     0.4942     0.2316     0.5640
```

这倒是结合 exist 函数使用 if 语句的好例子。如果所指定的变量存在，exist 返回 1 或 0。我们可以这样使用：

```
1  if ~exist('dim')
2  dim = 1;
3  end
```

加入这几行，得到 nmean5.m。

```
1  >> nmean5(data)
2  ans =
3  0.6307     0.4942     0.2316     0.5640
```

如果用户愿意，还能返回 notnan 的话，就会更有用。按照设计，函数与工作空间不共享一个变量空间。因此，在函数中创建的任何变量都不能在函数之外调用，除非函数以显式返回。例如，目前不能访问变量 notnan。

```
1  >> notnan
```

```
2  ??? Undefined function or variable 'notnan'.
```

要从函数中返回变量，需要调整函数的第一行：

```
1  function [nm,notnan] = nmean6(data,dim)
```

nmean6 与 nmean5 的功能大体相当。但是，如果指定输出结果存储的变量，还可以得到 notnan 数据。

```
1  >> nmean6(data)
2  ans =
3  0.6307      0.4942      0.2316      0.5640
4  >> v1 = nmean6(data)
5  v1 =
6  0.6307      0.4942      0.2316      0.5640
7  >> [v1,v2] = nmean6(data)
8  v1 =
9  0.6307      0.4942      0.2316      0.5640
10  v2 =
11  5      4      5      5
12  >> [v1,v2] = nmean6(data,2)
13  v1 =
14  0.7357
15  0.2541
16  0.4588
17  0.6465
18  0.2454
19  v2 =
20  4
```

```
21  3
22  4
23  4
24  4
```

这部分内容就此结束。对于重复使用的多行运算，函数是非常有用的，特别是它们有自己的内部空间。你可用 who 或 whos 来验证。

|5.9| 工具箱

在结束本章前，让我们先来讨论工具箱。工具箱是围绕同一个主题一起运行的函数包。MATLAB 自身拥有大量的工具箱，它们从核心安装中分离出来，如统计工具箱。第 9 章我们将讨论由 MathWorks 公司开发的工具箱以及其他对行为研究人员特别有用的工具箱。

习题

现在可以自动进行分析，让我们试着改进以前的一些答案，并再深入一步。

1. 用新学到的知识，求 worddb 数据集中每种词汇类型的平均效价。（重复第 3 章第 6 题）

2. 绘制熟悉度和个人使用率的条形图。（重复第 4 章第 2 题）

3. 使用 decision1 数据集，编写一个脚本来测试运动方向是否会影响错误率。

4. 编写一个函数，用于输出输入变量中每一个可能的值出现的次数（如频率）。例如，用 decision1 数据集的第 1 个主题：

```
1  >> load subject401
2  >> freq(blocknum)
```

```
3  ans =
4  1 247
5  2 147
6  3 347
7  4 239
8  5 150
```

5.确定间隔时间条件的顺序。

答案参看附录 B。但愿你能明白为什么循环和函数如此有用。接下来，我们将学习调试和优化代码。

函数复习

通用函数：whos

脚本和函数：edit % %{ %} echo sprintf eval input disp function

条件语句和循环：if else elseif end for while

矩阵运算符：zeros ones rand randn nan repmat horzcat vertcat cat

第 6 章

调试和优化

现在你可以越来越熟练地使用 MATLAB，我们应该来探讨一下：在编写代码时，如果不能按计划进行，该怎么办？错误会令人沮丧，尤其是没有多少编程经验的人。

| 6.1 | 通用惯例

在一般情况下，你要经常保存代码，并且要保存代码以前版本的备份（比如，像本书一样使用修订号或最后编辑日期来命名）。保存脚本和函数的前一个版本可以大大有助于改正错误，因为"回滚"到脚本部分，你可能很容易发现错误，避免涉及更多的调试问题。

| 6.2 | 中断未响应代码

对初学者来说，在 MATLAB 中比实际错误更严重的一类错误就是不响应，这是因为在本应该完成脚本或函数运行时，它仍在"忙"。此类错误的常见原因是 for 循环或 while 循环出问题，导致循环不能结束。避免这类情况发生的主要方法是，在脚本运行时使用 disp 获得状态更新。但当 MATLAB

程序已经不响应时，这个办法就没什么用了。

为了终止当前命令又不直接结束任务进程（例如，"End Task""Force Quit"，或 "Kill"），可按 Ctrl+C。如果 MATLAB 陷入死循环，就多按几次。当 MATLAB 终止时，会在终止行给出错误报告，但通常跟实际问题没有关系。如果满足某种条件，你也可以用函数 break 结合 if 语句自动结束当前脚本或函数。注意，break 只能终止内循环（详见 help）。

|6.3| 错误定位

如果你在 MATLAB 工作窗口运行代码，即使不知道代码的问题所在，通常也很容易找到错误的位置。但使用脚本和函数时，就不那么简单了。尽管 MATLAB 会提供出现错误的代码行数，但实际修改代码的地方有时并不在那里。

在使用脚本的情况下，最好的方法就是使用 disp 获得状态更新，看看哪部分代码运行通过，哪部分没有通过。另一种方法是使用 pause 终止脚本，等你按键后再继续。Echo 也可以用于查看哪部分代码运行通过。如果你发现错误，也可以使用 who 或 whos 查看工作空间中的变量以及它们的值。

在使用函数时，调试起来会更困难一些，因为函数有自己的内部工作区，如果代码返回一个错误或者你使用 CTRL+C 或 break 终止代码，你就无法访问它。在这种情况下，所能用的最好的函数就是 keyboard。这个函数的好处在于它能暂停函数运行，让你来接管键盘。这样你就可以检查内存变量的内容，查明代码的问题所在。在完成后，你可以输入 return 让 MATLAB 从暂停的地方继续运行函数，也可以选择输入 dbquit 退出调试模式，完全终止当前函数或代码。

|6.4| 常见错误：输入错误

既然我们可以更好地定位问题代码行，接下来就需要学习MATLAB报告的错误的真正含义以及可能产生错误的原因。这里，我们将会详细讨论在MATLAB中可能遇到的最常见的错误，并举例简单说明错误产生的原因以及如何查找并纠正错误。

表达式或者语句错误——（，{或[不匹配

这类错误只表示左括号数目（任何类型，（，[，{）与右括号数目不匹配。通常MATLAB会指出错误在哪一行，但位置可能不准确。这类错误特别常见，通常在把多个函数合并为一个代码行时出现。

```
1  >> disp(sprintf('Today is %s.',date))
2  Today is 06-Jan-2013.
3  >> disp(sprintf(('Today is %s.',date))
4  ???disp(sprintf(('Today is %s.',date))
5  |
6  Error: Expression or statement is incorrect—possibly unbalanced (, {,
7  or [.
```

这类错误最简单的解决办法就是拆开代码行，从内到外运行，检查哪些代码有效，并确认其返回的值有意义。下面我们举例说明如何查找错误。

输入参数太多

这类错误消息是指在函数中输入了过多的变量。不过，更为可能的是，用错括号了，需要的括号都有（不匹配），但是里面有一个或多个括号放在错误的位置上。也有可能是你在逻辑上跳过一步，漏掉函数了。下面我们举例说明可能出现的错误。

```
1  >> disp(sprintf('Today is %s.',date))

2  Today is 06-Jan-2013.

3  >> disp(sprintf('Today is %s.'),date)

4  ???   Error using ==> disp

5  Too many input arguments.

6  >> disp('Today is %s.',date)

7  ???Error using ==> disp

8  Too many input arguments.
```

函数或变量未定义

这类错误非常明确：输入错误导致输入的函数或变量不存在。既然错误报告已经指出不存在的函数或变量，那么你应该很容易从代码中找到拼写错误。

```
1  >> disp(sprintf('Today is %s.',date))

2  Today is 06-Jan-2013.

3  >> disp(sprintf('Today is %s.',dat))

4  ???Undefined function or variable' dat'.
```

未定义输入参数类型为……的函数或方法……

这类错误跟上面的错误几乎完全一样，但是它出现在函数有指定输入时。

```
1  >> disp(sprintf('Today is %s.',date))

2  Today is 06-Jan-2013.

3  >> dis(sprintf('Today is %s.',date))

4  ???Undefined function or method 'dis' for input arguments

5  of type 'char'.

6  >> disp(sprint('Today is %s.',date))

7  ???Undefined function or method 'sprint' for input arguments

8  of type 'char'.
```

内部矩阵维度必须一致

这类错误通常是由于不小心让MATLAB做矩阵乘法（*），而不是点乘（.*）。

```
1  >> ones(2,4) * ones(2,4)
2  ???Error using ==> mtimes
3  Inner matrix dimensions must agree.
4  >> ones(2,4) .* ones(2,4)
5  ans =
6  1  1  1  1
7  1  1  1  1
```

|6.5| 常见错误：值相关

以前我们描述的常见错误都是基于一些打字错误，这时MATLAB常被括号位置所困惑或者不知道变量所指。下一组常见的错误包括变量内容相关的错误以及交互方式的错误。

指数超过矩阵维度

这类错误出现在引用矩阵中不存在的索引时。具体而言，就是输入的索引大于矩阵的维度。

就这类错误而言，你可能无意中交换了行和列的指标。这里我们用简单的示例矩阵，重现和分离这类错误，并逐个分析改正。

```
1  >> M = rand(8,4)
2  M =
3  0.1656   0.2290   0.1067   0.2599
4  0.6020   0.9133   0.9619   0.8001
5  0.2630   0.1524   0.0046   0.4314
```

```
 6  0.6541   0.8258   0.7749   0.9106

 7  0.6892   0.5383   0.8173   0.1818

 8  0.7482   0.9961   0.8687   0.2638

 9  0.4505   0.0782   0.0844   0.1455

10  0.0838   0.4427   0.3998   0.1361

11  >> M(3,6)

12  ???Index exceeds matrix dimensions.

13  >> M(6,3)

14  ans =

15   0.8687
```

试图访问……索引超出范围因为 size……

这类错误与前一类错误非常相似，但这里引用的是矩阵的一行或一列，而不是单个索引。

造成这类错误的可能原因是，你在关注的维度不是最长时使用了 length 函数。这里应该使用 size 函数。注意 length 函数与 max（size）函数效果一样。

```
1 for i = 1:length(M)

2 meanM(i) = mean(M(:,i));

3 end

4 meanM
```

使用 length 函数会产生如下错误：

```
1 ???Attempted to access M(:,5); index out of bounds because

2 size(M)=[8,4].
```

使用 size 函数可知，我们应该使用第二个维度。

```
1 >> size(M)

2 ans =
```

修改后的代码如下：

```
1  for i = 1:size(M,2)
2    meanM(i) = mean(M(:,i));
3  end
4  meanM
```

正如前面所说，在这种情况下使用函数 size（M，1）的效果等同于使用函数 length，如 length（M）==max（size（M））。

下标必须是正整数或逻辑值

这类错误出现在你访问绝对不可能出现的变量索引时，例如 0 或非整数（带有小数点的数字）。

```
1  >> M(1)
2  ans =
3  0.1656
4  >> M(0)
5  ???Subscript indices must either be real positive integers
6  or logicals.
7  >> M(3.4)
8  ???Subscript indices must either be real positive integers
9  or logicals.
```

在绝大多数情况下，这不是你自己输入的，而是用一个变量作为另一个变量的指标输入进去的。此时你可能忘记使用 find 函数或者 round 函数了。

下标赋值维度不匹配

这类错误出现在把一个矩阵复制到另一个长度不同的矩阵时。不管哪个更长都会出现同样的错误。

```
 1  >> N = nan(4,2);
 2  >> N(1,:)
 3  ans =
 4  NaN NaN
 5  >> M(1,:)
 6  ans =
 7  0.1656  0.2290  0.1067  0.2599
 8  >> N(1,:) = M(1,:)
 9  ???Subscripted assignment dimension mismatch.
10  >> M(1,:) = N(1,:)
11  ???Subscripted assignment dimension mismatch.
12  >> length(N(1,:))
13  ans =
14  2
15  >> length(M(1,:))
16  ans =
17  4
```

这类错误不太好纠正，因为它取决于你的意图。不过，解决办法之一就是只复制适当的长度。改变等号的左边或者右边要取决于哪个变量较长。不管哪种情况，关键是要适应两个变量中较短的那个。

```
 1  >> M(1,1:length(N(1,:))) = N(1,:)
 2  M =
 3  NaN      NaN      0.1067  0.2599
 4  0.6020  0.9133  0.9619  0.8001
```

5	0.2630	0.1524	0.0046	0.4314
6	0.6541	0.8258	0.7749	0.9106
7	0.6892	0.5383	0.8173	0.1818
8	0.7482	0.9961	0.8687	0.2638
9	0.4505	0.0782	0.0844	0.1455
10	0.0838	0.4427	0.3998	0.1361

```
1  >> N(1,:) = M(1,1:length(N(1,:)))

2  N =

3  0.1656    0.2290

4  NaN       NaN

5  NaN       NaN

6  NaN       NaN
```

当进行 A（I）=B 赋值时，B 与 I 中的元素数目必须相同

这类错误跟上一类错误非常相似，不过这类错误发生在将一个变量中的多个值存储在另一个变量的单索引时。这类错误问题通常可以通过调整代码来解决，把一个变量中的多个值存储为第二个变量相同数目的值中，但是要特别小心，确保这种调整如你所愿。

```
1  >> A = ones(1,4)

2  A =

3  1    1    1    1

4  >> A(1) = M(1,:)

5  ???In an assignment A(I) = B, the number of elements in B

6  and I must be the same.

7  >> A(1,:) = M(1,:)
```

```
8 A =

9 0.1656   0.2290   0.1067   0.2599
```

CAT 参数维度不一致

这类错误产生于连接两个长度不同的变量时。无论使用[ ]，cat，horzcat 或是 vertcat，都会产生这类错误。

```
1  >> M(1,:)

2  ans =

3  0.1656   0.2290   0.1067   0.2599

4  >> N(1,:)

5  ans =

6  NaN   NaN

7  >> [ M(1,:) N(1,:) ]

8  ans =

9  0.1656   0.2290   0.1067   0.2599   NaN   NaN

10 >> [ M(1,:); N(1,:) ]

11 ???Error using ==> vertcat

12 CAT arguments dimensions are not consistent.
```

对于这类错误，很难给出纠正的建议，因为连接变量的使用在不同情况下变化很大。不管怎样选择，务必手动确认输出的结果如你所愿。

以上是常见的错误类型。你也可能遇到其他错误，但愿 MATLAB 的错误信息看上去不再神秘，你也会想出更好的办法来解决问题。祝你好运！

|6.6| 计时

从调试开始，让我们继续优化代码。换句话说，假定从现在开始第6章各节的代码都正常工作，而且你的目标是让代码更有效率。

用于优化代码的第一个函数是 tic 和 toc。使用 tic 时，MATLAB 启动定时器（秒表）。在使用 toc 时，MATLAB 会检查从最近一次运行 tic 到现在经过的时间，并在命令窗口输出结果。

```
1  >> tic

2  >> toc

3  Elapsed time is 2.185080 seconds.
```

你可以多次使用 toc 获取从最近一次运行 tic 以来到现在的时间。再次使用 tic 将重置时间，从 0 开始。

```
1   >> tic

2   >> toc

3   Elapsed time is 2.185080 seconds.

4   >> toc

5   Elapsed time is 7.660244 seconds.

6   >> tic

7   >> toc

8   Elapsed time is 2.335965 seconds.

9   >> toc

10  Elapsed time is 20.789621 seconds.

11  >> toc

12  Elapsed time is 26.334178 seconds.
```

你也可以把 toc 获取的时间存储在变量中。

```
1  >> tic

2  >> now = toc

3  now =
```

```
4  9.1857
```

也许你会对此感到不解："为什么tic和toc这么重要呢？为什么写代码时要关心时间呢？"答案是为了优化代码使它运行得更快。让我们来尝试一下。进入demo文件夹，找到一个名为timer1.m的脚本。脚本的内容被复制如下。运行脚本，看看需要多长时间。

```
1  tic

2

3  numbers = 1:1000;

4  nSum = 0;

5  for i = numbers

6  nSum = nSum + numbers(i);

7  end

8

9  elapsed1 = toc
```

这个代码是从1到1000求总和，所以故意写得不太好，但愿你看得懂。让我们来运行代码，看看elapsed1是什么。

```
1  >> timer1

2  elapsed1 =

3  0.0034
```

现在，让我们将此代码与更有效率的版本比较一下，并保存为timer2。

```
1  tic

2

3  numbers = 1:1000;

4  nSum = sum(numbers);

5
```

```
6 elapsed2 = toc
```

```
1  >> timer2
2  elapsed2 =
3  3.0986e-05
```

显然 elapsed2 的值更小。也许你会认为这些数字都不是很大；0.0034秒真的很重要吗？这些只是非常简单的情形，远比自定义分析要简单得多。尤其是在分析中，如果最后要做数学模拟，相同的代码会运行成千上万次，这时测量代码的运行时间是非常有用的。即便如此，我们也很容易看到 timer1. m 和 timer2.m 中一个很小的改变，就会让代码运行速度提高百倍以上。

```
1  >> elapsed1/elapsed2
2  ans =
3  108.2763
```

|6.7| 分号

在优化代码的过程中，给代码行后面加分号，是所有修改中变动最小却能带来天壤之别效果的。如果代码行位于for循环中，这样的修改尤为重要。我们把 timer1.m 中的分号删除，保存为 timer3.m，看看会产生多大的差异。

```
1  >> timer3
2  nSum =
3  1
4  nSum =
5  3
6  nSum =
```

```
 7  6
 8  nSum =
 9  10
10  ...
11  elapsed3 =
12  0.0213
```

这样速度慢了很多，但到底慢了多少呢？

```
1  >> elapsed3/elapsed1
2  ans =
3  6.3477
4  >> elapsed3/elapsed2
5  ans =
6  687.3026
```

删除一个字符或按键会让脚本多花 6 倍的时间运行，比最优的版本多花将近 700 倍的时间。显然，打印到 MATLAB 命令窗口会显著放慢脚本运行速度。（请记住，使用 CTRL+C 可以终止运行时间过长的代码！）抑制输出可以很容易地加快代码运行速度。只要你不是特别想知道代码行的运行结果，这个建议就有效。如果你确实想知道，比如循环中的计数器或其他计时器的内容，可以使用 if 结合 mod 定时更新计时器。

mod 是一个特别有趣的函数，令人惊讶的可能是其应用的广泛性。上小学时，我们学过用长除法求余数。在分析中，这个运算符非常有用，它的另一个更广为人知的名字是"模"。在许多编程语言中，模缩写成 mod，并以 % 作为运算符号（例如，23%4=3）。不过，如你所知，% 在 MATLAB 中还有其他用途。

说明mod用处的一个很好的例子就是用数字除以2，通过余数来判定它是奇数还是偶数。

```
1  >> mod(23,4)
2  ans =
3  3
4  >> mod(23,2)
5  ans =
6  1
7  >> mod(22,2)
8  ans =
9  0
```

同理，我们也可以让数字除以10，通过余数很方便地提取数字的个位数。

```
1  >> mod(12,10)
2  ans =
3  2
4  >> mod(113,10)
5  ans =
6  3
7  >> mod(19208,10)
8  ans =
9  8
```

此外，mod与floor结合也非常有用。

```
1  >> value = 23;
2  >> divisor = 4;
3  >> mod_value = mod(value,divisor)
```

```
4   mod_value =

5   3

6   >> floor_value = floor(value/divisor)

7   floor_value =

8   5

9   >> divisor*floor_value+mod_value

10  ans =

11  23
```

回到代码优化上，我们可以把 mod 用到 if 语句中定期打印变量的内容，比如在 for 循环中，每循环 100 次，打印一次变量的内容，如下所示。

```
1   if mod(i,100) == 0

2   i

3   end
```

我们复制 timer1.m，加入上述代码，并将其保存为 timer4.m。

```
1   tic

2

3   numbers = 1:1000;

4   nSum = 0;

5   for i = numbers

6   nSum = nSum + numbers(i);

7   if mod(i,100) == 0

8   i

9   end

10  end

11
```

```
12  elapsed4 = toc
```

让我们运行它并比较有什么不同。

```
 1  >> timer4
 2  i =
 3  100
 4  i =
 5  200
 6  i =
 7  300
 8  i =
 9  400
10  i =
11  500
12  i =
13  600
14  i =
15  700
16  i =
17  800
18  i =
19  900
20  i =
21  1 000
22  elapsed4 =
23  0.0132
```

```
1  >> elapsed4/elapsed1

2  ans =

3  3.9286

4  >> elapsed4/elapsed3

5  ans =

6  0.6189
```

这个版本的运行速度明显比 timer1.m 慢，但又不像 timer3.m 那么糟糕。这是加入 if 和 mod 的代价，因为 MATLAB 在 for 循环的每个周期内都要做更多的计算。要突显这一点，我们可以设置 mod 除以 1，实际上此时代码始终在 if 语句中运行。该文件保存为 timer5.m。

```
1  >> timer5

2  i =

3  1

4  i =

5  2

6  i =

7  3

8  i =

9  4

10  i =

11  5

12  ...

13  elapsed5 =

14  0.0483
```

```
1  >> elapsed5/elapsed1

2  ans =

3  14.3882

4  >> elapsed5/elapsed4

5  ans =

6  3.6624

7  >> elapsed5/elapsed3

8  ans =

9  2.2667
```

　　显然，这样脚本的运行速度就会慢得多。这里我们讨论了关于 tic 和 toc 的脚本，希望能带给你一些启发，即在 MATLAB 中代码的分析方法有很多，但它们并非都是最优的。也就是说，代码编写得更灵活些，便于在各种不同的分析中使用，即使运行速度慢些，但从长远来看这样也许更好。

|6.8| 分析代码

　　如果 tic 和 toc 不适合，MATLAB 还有更强大的工具来帮助优化代码。就像在电视里看到的那样，联邦调查局的监测器监测坏人的目的是更好地理解他们作案的动机，同样，利用 profile 函数分析代码可以更好地理解代码的各部分是如何起作用的。这个函数用于清理复杂的、资源占用较多的 MATLAB 代码。你可以通过代码配置找到代码中的薄弱环节。profile 浏览器的截图如图 6-1 所示。

Profile Summary

Generated 09-Jan-2013 23:57:46 using cpu time.

Function Name	Calls	Total Time	Self Time*	Total Time Plot (dark band = self time)
workspacefunc	4	1.264 s	0.211 s	
workspacefunc>getShortValueObjectJ	10	0.632 s	0.421 s	
workspacefunc>getShortValueObjectsJ	1	0.632 s	0.000 s	
timer1	1	0.421 s	0.421 s	
workspacefunc>getStatObjectJ	20	0.421 s	0.000 s	
workspacefunc>getStatObjectM	20	0.421 s	0.211 s	
workspacefunc>getStatObjectsJ	2	0.421 s	0.000 s	
workspacefunc>createComplexScalar	29	0.211 s	0.211 s	
workspacefunc>num2complex	30	0.211 s	0.000 s	
workspacefunc>local_min	10	0.211 s	0.211 s	
workspacefunc>getWhosInformation	1	0 s	0.000 s	
...s.mlwidgets.workspace.WhosInformation (Java method)	1	0 s	0.000 s	

图 6-1　profile浏览器的截图

准备开始配置文件时，你只要输入profile on即可。当配置结束，准备看报告时，你可以输入profile viewer。

6.9　新视角

最后值得一提的是，你若不知道解决错误问题的办法或者需要优化代码方面的建议，不妨带朋友来看看。但愿你认识正在学习这本书的其他人或是熟悉MATLAB的人。换一个人浏览代码效果会大不相同。有时需要别人来校对你的论文，代码也不例外。

习题

这次有点儿不同；现在让我们一起来纠正错误并优化代码。

1.加载worddb数据集。

找出每行代码的错误，并改正。

2.代码：

```
1 scatter(worddata{10},worddata{8}(1:460))
```

3.代码：

```
1 imagTab = mean(worddata{20}(find(strcmp,worddata{2},'taboo')))
```

4.代码：

```
1 types=unique(worddata(2,1:460))
```

5.优化脚本：

```
1 % find numbers divisible by 3 within certain range

2 numbers = 277:300;

3 div3 = [];

4

5 for n = numbers

6 if(n/3) == round(n/3)

7 div3 = [div3 n];

8 end

9 end

10

11 div3
```

输出结果：

```
1 div3 =

2 279   282   285   288   291   294   297   300
```

答案参看附录B。接下来，我们将学习基本统计量，进一步提高MAT-
LAB技能。

函数复习

通用函数： mod

调试函数： break pause keyboard return dbquit

计时函数： tic toc profile

第 7 章

基本统计量

到目前为止，我们基本学完了 MATLAB 中的必备技能。不过，还有一个重要的组成部分：推论统计。在推断实验操作对因变量是否有显著改变之前，我们必须检验这种差异是否有统计学意义。

|7.1| 置信区间

假定标准误（SEM）确定，且数据服从正态分布，你很容易求出置信区间。从 decision1 数据集中加载数据来试一下。运行之前的脚本 analysis7.m。

```
1  >> analysis7
```

通常求 95% 的置信区间（双侧），该置信区间对应 1.96 个标准差，代表从第 2.5 个百分位数到第 97.5 个百分位数的区间。标准误对应数据的 1 个标准差和 68.2% 的置信区间（如图 7-1）。

我们前面已经求过 SEM。要得到 68.2% 的置信区间，我们需要用均值减去标准误得到区间的下界，加上标准误得到区间的上界。在 4 个实验条件下，我们求 68.2% 的置信区间。

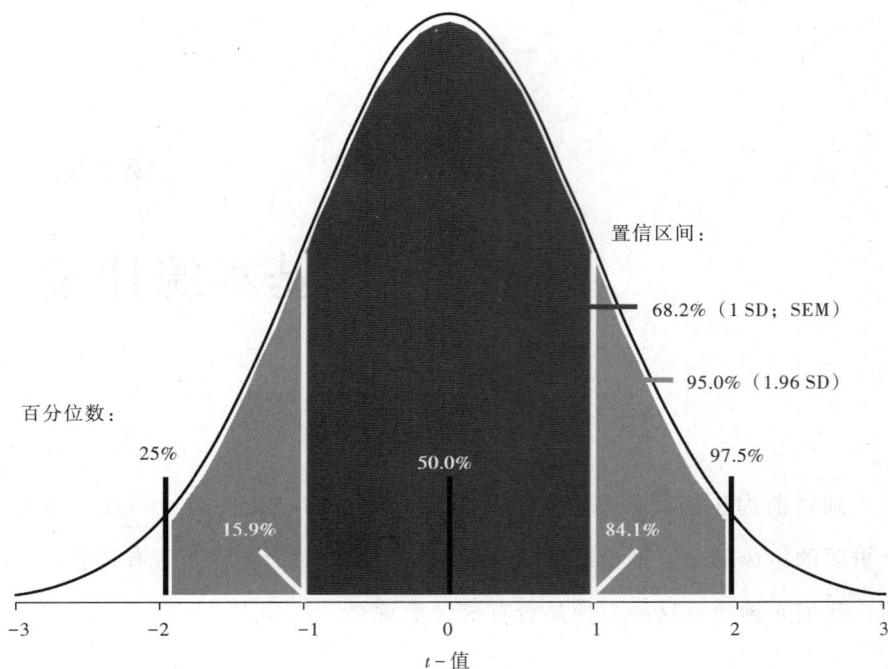

图 7-1　带有置信区间及标记百分位数的正态分布

```
1  >> [ mERs-semERs ; mERs+semERs ]

2  ans =

3  0.1289    0.1140    0.0873    0.1089

4  0.1732    0.1517    0.1185    0.1434
```

若想得到 95% 的置信区间，我们只要用 1.96 乘以标准误（这里指 semERs）代替即可。

```
1  >> [ mERs-semERs*1.96 ; mERs+semERs*1.96 ]

2  ans =

3  0.1077    0.0960    0.0723    0.0924
```

```
4  0.1944   0.1698   0.1335   0.1599
```

|7.2| 单样本和配对比较t检验

要直接检验性能与设定值是否有显著差异，或者随条件有显著差异，我们需要做t检验。现在我们先考虑第一个条件。

```
1  >> mERs(1)
2  ans =
3  0.1511
```

这里错误率与0.01有显著差异吗？若是0.15，又会怎么样呢？要回答这个问题，我们需要使用函数ttest。该函数会输出以下几种结果：

```
1  >> help ttest
2  TTEST One-sample and paired-sample t-test.
3  H = TTEST(X) performs a t-test of the hypothesis that the data
4  in the vector X come from a distribution with mean zero, and
5  returns the result of the test in H. H=0 indicates that the null
6  hypothesis ("mean is zero") cannot be rejected at the 5%
7  significance level. H=1 indicates that the null hypothesis can
8  be rejected at the 5% level. The data are assumed to come
9  from a normal distribution with unknown variance.
10
11  ...
12
13  TTEST treats NaNs as missing values, and ignores them.
14
15  H = TTEST(X,M) performs a t-test of the hypothesis that the
```

16 data in X come from a distribution with mean M. M must be a

17 scalar.

18

19 H = TTEST(X,Y) performs a paired t-test of the hypothesis that

20 two matched samples, in the vectors X and Y, come from

21 distributions with equal means. The difference X-Y is assumed to

22 come from a normal distribution with unknown variance. X and Y

23 must have the same length. X and Y can also be matrices or N-D

24 arrays of the same size.

25

26 H = TTEST(...,ALPHA) performs the test at the significance level

27 (100*ALPHA)%. ALPHA must be a scalar.

28

29 H = TTEST(...,TAIL) performs the test against the alternative

30 hypothesis specified by TAIL:

31 'both' -- "mean is not zero (or M)" (two-tailed test)

32 'right' -- "mean is greater than zero (or M)"

33 (right-tailed test)

34 'left' -- "mean is less than zero (or M)" (left-tailed test)

35 TAIL must be a single string.

36

37 [H,P] = TTEST(...) returns the p-value, i.e., the probability of

38 observing the given result, or one more extreme, by chance if the

39 null hypothesis is true. Small values of P cast doubt on the

40 validity of the null hypothesis.

```
41
42  [H,P,CI] = TTEST(...) returns a 100*(1-ALPHA)% confidence interval
43  for the true mean of X, or of X-Y for a paired test.
44
45  [H,P,CI,STATS] = TTEST(...) returns a structure with the
46  following fields:
47  'tstat' -- the value of the test statistic
48  'df' -- the degrees of freedom of the test
49  'sd' -- the estimated population standard deviation. For a
50  paired test, this is the std. dev. of X-Y.
51
52  ...
```

7.2.1　单样本t检验

让我们用ttest做单样本t检验。

```
 1  >> [h,p,ci,stats]=ttest(ERs(:,1),.10)
 2  h =
 3  1
 4  p =
 5  0.0324
 6  ci =
 7  0.1048
 8  0.1974
 9  stats =
10  tstat: 2.3079
11  df: 19
```

```
12  sd: 0.0990
13  >> [h,p,ci,stats]=ttest(ERs(:,1),.15)
14  h =
15  0
16  p =
17  0.9620
18  ci =
19  0.1048
20  0.1974
21  stats =
22  tstat: 0.0482
23  df: 19
24  sd: 0.0990
```

看来这种条件下的错误率显著异于0.10[t（19）=2.31，p<0.05]，但是不是统计显著异于0.15[t（19）=0.05]。

可能有人无法访问统计工具箱，而这又是使用函数 ttest 所必需的。尽管工具箱是在 MATLAB 中进行研究分析的必备工具，但这里也提供了一个临时的解决方案，以便你能跟着本书进行实例操作。随书配套的函数中包含了 ttest 的简化版本，称为 imbttest。若第 2 章中的命令 imbwelcome 运行通过，你应该就可以使用 imbttest。imbttest 的输出结果跟 ttest 完全一样。

```
1  >> [h,p,ci,stats]=imbttest(ERs(:,1),.10)
2  h =
3  1
4  p =
5  0.0324
```

```
 6  ci =

 7  0.1048    0.1974

 8  stats =

 9  tstat: 2.3079

10  df: 19

11  sd: 0.0990

12  >> [h,p,ci,stats]=imbttest(ERs(:,1),.15)

13  h =

14  0

15  p =

16  0.9620

17  ci =

18  0.1048    0.1974

19  stats =

20  tstat: 0.0482

21  df: 19

22  sd: 0.0990
```

请注意：函数imbttest可以像函数ttest一样进行t检验，但是不能处理NaN值，而且如果出错，也不能给出太有用的错误反馈。

```
1  >> [h,p,ci,stats]=ttest(.10,ERs(:,1))

2  ???Error using ==> ttest at 68

3  The data in a paired t-test must be the same size.

4  >> [h,p,ci,stats]=imbttest(.10,ERs(:,1))

5  h =

6  1
```

```
 7  p =
 8  0
 9  ci =
10  −0.0511   −0.0511
11  stats =
12  tstat: −0.5161
13  df: 0
14  sd: 0.0990
```

显然，当自由度为0时，肯定有地方出问题了。

7.2.2 配对样本 t 检验

进行配对样本 t 检验是相当简单的，提供两个变量即可。现在让我们来检验第一个和第二个条件，第一个和第三个条件的错误率是否有差异。

```
 1  >> [h,p,ci,stats]=ttest(ERs(:,1),ERs(:,2))
 2  h =
 3  0
 4  p =
 5  0.1411
 6  ci =
 7  −0.0066
 8  0.0430
 9  stats =
10  tstat: 1.5358
11  df: 19
12  sd: 0.0530
13  >> [h,p,ci,stats]=ttest(ERs(:,1),ERs(:,3))
```

```
14  h =

15  1

16  p =

17  0.0024

18  ci =

19  0.0193

20  0.0770

21  stats =

22  tstat：3.4937

23  df：19

24  sd：0.0617
```

看来第一个比对[t（19）=1.53]不是统计显著的，但第二个比对[t（19）=
3.49，p<0.01]是统计显著的。请注意，若实际分析数据集用于出版，应该修
改为多重比较。

函数imbttest也可做配对样本t检验。

```
 1  >> [h,p,ci,stats]=imbttest(ERs（:,1）,ERs（:,2）)

 2  h =

 3  0

 4  p =

 5  0.1411

 6  ci =

 7  −0.0066    0.0430

 8  stats =

 9  tstat：1.5358

10  df：19
```

```
11  sd: 0.0530
12  >> [h,p,ci,stats]=imbttest(ERs(:,1),ERs(:,3))
13  h =
14  1
15  p =
16  0.0024
17  ci =
18  0.0193    0.0770
19  stats =
20  tstat: 3.4937
21  df: 19
22  sd: 0.0617
```

imbttest 的确不像 ttest 那样好用，因为它不能很好地响应输入错误，比如当配对样本比较中的两个变量长度不一致时。

```
1   >> [h,p,ci,stats]=ttest(ERs(:,1),ERs(1:10,3))
2   ???Error using ==> ttest at 68
3   The data in a paired t-test must be the same size.
4
5   >> [h,p,ci,stats]=imbttest(ERs(:,1),ERs(1:10,3))
6   ???  Error using ==> minus
7   Matrix dimensions must agree.
8
9   Error in ==> imbttest at 17
10  sd = std(x - y);
```

7.2.3　调整 t 检验参数

在进一步学习之前，我们需要指出的是，MATLAB 允许调整 α 的水平（默认为 0.05），以及单侧或双侧检验（默认为双侧）。

```
 1  >> [h,p,ci,stats]=ttest(ERs(:,1),ERs(:,3),0.10)
 2  h =
 3  1
 4  p =
 5  0.0024
 6  ci =
 7  0.0243
 8  0.0720
 9  stats =
10  tstat: 3.4937
11  df: 19
12  sd: 0.0617
13  >> [h,p,ci,stats]=ttest(ERs(:,1),ERs(:,3),0.05,'left')
14  h =
15  0
16  p =
17  0.9988
18  ci =
19  −Inf
20  0.0720
21  stats =
22  tstat: 3.4937
```

```
23  df: 19

24  sd: 0.0617
```

Imbttest 也有这项功能。

```
 1  >> [h,p,ci,stats]=imbttest(ERs(:,1),ERs(:,3),0.10)

 2  h =

 3  1

 4  p =

 5  0.0024

 6  ci =

 7  0.0243   0.0720

 8  stats =

 9  tstat: 3.4937

10  df: 19

11  sd: 0.0617

12  >> [h,p,ci,stats]=imbttest(ERs(:,1),ERs(:,3),0.05, 'left')

13  h =

14  0

15  p =

16  0.9988

17  ci =

18  Inf   0.0720

19  stats =

20  tstat: 3.4937

21  df: 19

22  sd: 0.0617
```

|7.3| 独立样本 t 检验

把数据与单值做比较，或者做重复测量检验时，ttest 非常好用，但是如果想比较两组受试者的话，该怎么办呢？此时我们可以用 ttest2 函数。ttest2 函数允许在独立样本间做比较。让我们从 worddb 中加载数据来尝试一下。我们使用 mkfigAro3.m 来加载数据。

```
1  >> mkfigAro3
```

如果你查看代码，就会记得变量 types 有一个 7 种词汇类型的列表。要得到给定类型的所有词汇的唤醒度，如 mkfigAro3 所示，我们可输入：

```
1  worddata{18}(find(strcmp(worddata{2},types{i})))
```

此时，i 从 1 取到 7，对应于 7 种词汇类型。

让我们来检验负性低唤醒词汇与负性高唤醒词汇是否有显著差异。考虑到它们的标签，大家会想当然地认为它们有显著差异，现在让我们对此做统计检验。

```
1  >> [h,p,ci,stat]=ttest2(worddata{18}(find(strcmp(worddata{2},types{2}))), ...
2  worddata{18}(find(strcmp(worddata{2},types{1}))))
3  h =
4  1
5  p =
6  2.6778e-07
7  ci =
8  -0.8511
9  -0.4033
10  stat =
```

```
11  tstat: −5.5647

12  df: 90

13  sd: 0.5405
```

正如所料，这种差异效应是统计显著的[t（90）=5.56，p<0.001]。

跟以前一样，ttest2 的简化版本称为 imbttest2，它与 ttest2 等效。

```
1  >> [h,p,ci,stat]=imbttest2(worddata{18}(find(strcmp(worddata{2},...

2  types{2})))),worddata{18}(find(strcmp(worddata{2},types{1}))))

3  h =

4  1

5  p =

6  2.6778e−07

7  ci =

8  −0.8511    −0.4033

9  stat =

10  tstat: −5.5647

11  df: 90

12  sd: 0.5405
```

让我们再次比较负性高唤醒词汇和正性高唤醒词汇的唤醒度。

```
1  >> [h,p,ci,stat]=imbttest2(worddata{18}(find(strcmp(worddata{2},...

2  types{1})))),worddata{18}(find(strcmp(worddata{2},types{3}))))

3  h =

4  0

5  p =

6  0.8566

7  ci =
```

```
 8  -0.2556   0.3069
 9  stat =
10  tstat: 0.1812
11  df: 90
12  sd: 0.6790
```

此时唤醒度不是统计显著的[t（90）=0.18]，这是合理的，因为在理论上它们也是无差异的。

和 ttest 一样，ttest2 也可以手动设置 α 和单双侧检验。函数 ttest2 也可以选择不假定两个样本有同方差（默认）。请注意，在 imbttest2 中不包括这个功能。

|7.4| 相关性不蕴含因果关系

除了均值比较（例如 t 检验），行为研究中其他主要的统计工具就是相关性。当然，MATLAB 也可以计算相关性。

让我们用函数 corr 来计算所有词汇的唤醒度与禁忌度评分（第 14 列）的相关性。

```
1  >> [r,p]=corr(worddata{18}(1:460),worddata{14}(1:460))
2  r =
3  0.8352
4  p =
5  5.3639e-121
```

如上所示，这两种测度的相关性是统计显著的[r（458）=0.84，p<0.001]。请注意，我们必须指定行数，以便忽略数据文件尾部的 NaN 值。没有特别指定的话，corr 函数计算的是皮尔逊积矩相关系数。另一个 MATLAB 函数

corrcoef也用于计算皮尔逊积矩相关系数。

```
1  >> [r,p]=corrcoef(worddata{18}(1:460),worddata{14}(1:460))
2  r =
3  1.0000    0.8352
4  0.8352    1.0000
5  p =
6  1.0000    0.0000
7  0.0000    1.0000
```

Corrcoef用于计算矩阵数据之间的相关性，所以我更倾向于使用corr。

同样，本书也附带一个相关性函数imbcorr，这个函数也不用统计工具箱。跟往常一样，这个函数与corr的功能差不多，只是不太灵活。

```
1  >> [r,p]=imbcorr(worddata{18}(1:460),worddata{14}(1:460))
2  r =
3  0.8352
4  p =
5  0
```

我们再来计算唤醒度与情绪效价（第16列）的相关性。

```
1  >> [r,p]=corr(worddata{18}(1:460),worddata{16}(1:460))
2  r =
3  -0.3766
4  p =
5  6.0231e-17
```

这种相关性是统计显著的，请注意：唤醒度和情绪效价主要是非线性的，如图4-7所示。这种相关性显著的原因部分是数据数量巨大。只要有足够多的数据点，几乎所有的效应都是显著的。在做分析时，你切记这一点。

贴士＃37

如果经常用到相关性，也可以查阅 partialcorr。

|7.5| 非参数相关性

要计算非正态分布数据集的相关性，或者有其他原因要计算非参数相关性，我们通常求斯皮尔曼秩相关系数（ρ）。这可以通过在函数 corr 中指定相关性类型为斯皮尔曼型来实现。现在，我们试求唤醒度-禁忌度的相关性。

```
1  >> [rho,p]=corr(worddata{18}(1:460),worddata{14}(1:460), ...
2  'type', 'Spearman')
3  rho =
4  0.7403
5  p =
6  5.1892e-81
```

若没有统计工具箱，本书也附带了函数 imbspear。

```
1  >> [rho,p]=imbspear(worddata{18}(1:460),worddata{14}(1:460))
2  rho =
3  0.7466
4  p =
5  0
```

跟 imbttest，imbttest2 和 imbcorr 不一样的是，这个版本的函数只需要近似，不像 MATLAB 版本的函数那样精确。

7.6 其他统计检验

统计工具箱还包含许多其他函数，这些函数对行为研究者也很有用。有些用于均值和中位数的非参数比较检验，例如 ranksum 函数，用于 Wilcoxon 秩和检验（相当于 Mann-Whitney U 检验），函数 signrank，用于 Wilcoxon 符号秩检验。一些正态性检验函数包括：kstest，kstest2 和 jbtest。

7.7 自助法

当数据不是正态分布时，用标准差来计算置信区间是不合适的。因为这不是一本统计教材，所以这里我们不去过多解释不能这样做的原因，而是告诉你如何使用自助法确定中位数和统计量（如相关性）的置信区间。

首先，让我们计算禁忌词的唤醒度的均值和中位数。

```
1  >> types
2  types =
3  'neg hi ar'
4  'neg lo ar'
5  'pos hi ar'
6  'pos lo ar'
7  'rel neu'
8  'taboo '
9  'unrel neu'
10 >> mean(worddata{18}(find(strcmp(worddata{2},types{6}))))
11 ans =
12 4.3357
```

```
13  >> median(worddata{18}(find(strcmp(worddata{2},types{6})))))

14  ans =

15  4.3400
```

看上去均值和中位数几乎是相同的。在这种情况下，我们可以预料它们的置信区间也相似。

对于均值的95%的置信区间，我们可以使用类似于以前的代码：

```
1  >> mAroTab = mean(worddata{18}(find(strcmp(worddata{2},types{6}))));

2  >> stdAroTab = std(worddata{18}(find(strcmp(worddata{2},types{6}))));

3  >> nAroTab = length(find(strcmp(worddata{2},types{6})));

4  >> ciAroTab= stdAroTab/sqrt(nAroTab)*1.96;

5  >> [ mAroTab−ciAroTab mAroTab+ciAroTab ]

6  ans =

7  4.1334    4.5379
```

自助法原理：自助法需要从数据集中选取一个数据样本，其中抽样的次数等于数据点的个数，不过要做重置抽样。既然是重置抽样，就会有数据点多次被抽中，而其他点在这个样本中被遗漏。然后你可以统计样本，如计算中位数。重复这个过程若干次，通常是 10 000 次。

首先，让我们来设置迭代次数（即抽样过程重复的次数）。

```
1  >> iter = 10 000;
```

作为检验，让我们来尝试重置抽样。最简单的方法是用函数 rand 生成对应于数据点的数字。

```
1  >> rand(nAroTab,1)

2  ans =

3  0.3112
```

```
 4 0.5285

 5 0.1656

 6 0.6020

 7 0.2630

 8 ...

 9 >> ceil(rand(nAroTab,1)*nAroTab)

10 ans =

11 57

12 80

13 75

14 54

15 17

16 ...
```

接下来，我们用 median 找到中位数。

```
1 >> AroTab = worddata{18}(find(strcmp(worddata{2},types{6})));

2 >> median(AroTab(sample))

3 ans =

4 4.1650
```

使用实际代码，我们将用 for 循环重复 iter 次。

```
1 for i = 1:iter

2 sample = ceil(rand(nAroTab,1)*nAroTab);

3 bootAroTab(i) = median(AroTab(sample));

4 end
```

现在，bootAroTab 很长。

```
1 >> bootAroTab
```

```
2  ans =

3  Columns 1    through 6

4  4.5350    4.6200    4.3850    4.1900    4.2900    4.2900

5   Columns 7  through 12

6  4.2950    4.3900    4.4300    4.1400    4.1900    4.2350

7  ..
```

```
1  >> length(bootAroTab)

2  ans =

3  10 000
```

如果对 bootAroTab 的内容排序，再查看第 250 ~ 9 750 项，这些对应于第 2.5 到第 97.5 个百分位数的边界点。

```
1  >> bootAroTab = sort(bootAroTab);

2  >> bootAroTab([250 9750])

3  ans =

4  4.0150    4.6200
```

现在就得到了中位数的 95% 的置信区间。

为使代码更为通用，例如 iter 不设置为 1 000，这样可以直接使用百分位数。

```
1  >> [round(0.025*iter) round(0.975*iter)]

2  ans =

3  250    9750

4  >> bootAroTab([round(0.025*iter) round(0.975*iter)])

5  ans =

6  4.0150    4.6200
```

在这个过程中，所有的基本代码无需再探讨，可以按如下组合：

```
1  AroTab = worddata{18}(find(strcmp(worddata{2},types{6})));

2

3  iter = 10000;

4

5  for i = 1:iter

6  sample = ceil(rand(nAroTab,1)*nAroTab);

7     bootAroTab(i) = median(AroTab(sample));

8  end

9

10  bootAroTab = sort(bootAroTab);

11

12  bootAroTab([round(0.025*iter) round(0.975*iter)])
```

自助法是非常有用的统计工具，但愿你在这一节能学到更多的知识。

|7.8| 数据重组

有时，数据不一定是按分析中要用的方式排列。例如，计算一组数字的标准差，但这组数字却是按矩阵排列的。可惜，我们很难想出一个相关的例子，所以这儿用rand来生成。

```
1  >> M=rand(5,4)

2  M =

3  0.7577   0.7060   0.8235   0.4387

4  0.7431   0.0318   0.6948   0.3816

5  0.3922   0.2769   0.3171   0.7655

6  0.6555   0.0462   0.9502   0.7952
```

```
7  0.1712   0.0971   0.0344   0.1869
```

如果简单地使用 std 函数，我们只能沿着一个维度或另一个维度求得标准差。

```
1  >> std(M)
2  ans =
3  0.2548   0.2826   0.3791   0.2610
4  >> std(M,[],2)
5  ans =
6  0.1688
7  0.3290
8  0.2236
9  0.3958
10  0.0705
```

要求整个矩阵的标准差，或其他统计量，就要用 reshape 函数。简单地说，reshape 会重新排列变量中值的位置，使得跨行、列和其他维度的编排符合新标准。如你所料，矩阵中值的总个数（面积）保持不变。我们来探讨一下。

```
1  >> M1=reshape(M,2,10)
2  M1 =
3  Columns 1    through 6
4  0.7577   0.3922   0.1712   0.0318   0.0462   0.8235
5  0.7431   0.6555   0.7060   0.2769   0.0971   0.6948
6  Columns 7    through 10
7  0.3171   0.0344   0.3816   0.7952
8  0.9502   0.4387   0.7655   0.1869
9  >> M2=reshape(M,20,1)
```

```
10  M2 =

11  0.7577

12  0.7431

13  0.3922

14  0.6555

15  0.1712

16  0.7060

17  0.0318

18  0.2769

19  0.0462

20  0.0971

21  0.8235

22  0.6948

23  0.3171

24  0.9502

25  0.0344

26  0.4387

27  0.3816

28  0.7655

29  0.7952

30  0.1869
```

如果我们使用 size 函数来验证，就可知矩阵的大小保持一致。

```
1  >> size(M)

2  ans =

3  5   4
```

```
4  >> size(M1)

5  ans =

6  2    10

7  >> size(M2)

8  ans =

9  20    1
```

利用函数 prod，我们可以很容易确定矩阵的面积不变。prod 只是把一组值相乘，类似于 sum 的求和方式。

```
1  >> prod(size(M))

2  ans =

3  20

4  >> prod(size(M1))

5  ans =

6  20

7  >> prod(size(M2))

8  ans =

9  20
```

现在要回答最初的问题，我们需要求所有 20 个值的标准差。

```
1  >> std(M2)

2  ans =

3  0.3070
```

这也可以一步完成。

```
1  >> std(reshape(M,20,1))

2  ans =

3  0.3070
```

类似地，还有一个比较有用的函数：squeeze。简单地说，squeeze 会改变变量的内容，若矩阵中有长度为 1 的维度，就把这个维度删除。让我们试一下。

```
1  >> M3=rand(5,1,4)
2  M3(:,:,1) =
3  0.4898
4  0.4456
5  0.6463
6  0.7094
7  0.7547
8  M3(:,:,2) =
9  0.2760
10  0.6797
11  0.6551
12  0.1626
13  0.1190
14  M3(:,:,3) =
15  0.4984
16  0.9597
17  0.3404
18  0.5853
19  0.2238
20  M3(:,:,4) =
21  0.7513
22  0.2551
```

```
23  0.5060

24   0.6991

25   0.8909

26  >> squeeze(M3)

27  ans =

28  0.4898    0.2760    0.4984    0.7513

29  0.4456    0.6797    0.9597    0.2551

30  0.6463    0.6551    0.3404    0.5060

31  0.7094    0.1626    0.5853    0.6991

32  0.7547    0.1190    0.2238    0.8909
```

该函数看上去相当抽象，不过它非常好用，在用到之前最好先了解它。此外，你想要偶然碰到 squeeze 是不可能的，除非用其他方法，如 lookfor。

|7.9| 进一步分析

你研究中所用的分析可能并不只局限于 t 检验和相关性。使用统计工具箱（例如 ANOVAs：anova1，anova2），MATLAB 还能做其他统计分析，也可以查找别人写的函数（参看第9.2.2节）。也就是说，尽管最好能在 MATLAB 中做所有分析，但有时在其他程序（例如 IBM SPSS，R，或 SigmaPlot）中进行分析可能更容易。如果你忘记从 MATLAB 中导出数据的方式，可以参看第 2.9 节。

习题

练习时间到了，看看你学会了多少。学完了统计量，我们对 MATLAB 的介绍就基本结束了。

1.使用 decision1 数据集中的所有受试者数据做 t 检验，检验在间隔时间为1秒和2秒的条件下进行，看看错误率是否有显著差异。

2.不考虑间隔时间做t检验，检验运动方向是否会影响错误率（用与第5章问题3同样的值）。

3.加载worddb数据。高唤醒的正性词和负性词的冒犯性有差异吗？

4.在所有的词汇类型中，词汇的熟悉度和个人使用率之间有多大的相关性？

5.唤醒与情绪效价的相关系数是多少？检验皮尔森相关系数是否有效，或者检验非参数相关性是否更合适。

6.调整第5章问题4中编写的freq函数，使其也适用于字符串和数字。使用修正后的函数统计worddb数据集中每种词汇类型的词汇数量，同时验证它还适用于decision1数据（只测试第一个受试者就足够了）。

答案参看附录B。下一步：通过几个新的数据集来练习前面所做的训练。

函数复习：

通用函数：reshape prod squeeze

统计函数：ttest ttest2 corr corrcoef

| 第 8 章 |

汇总

现在你已经充分理解和掌握了MATLAB，也了解了它在行为研究中的应用。该检验一下知识的掌握情况了。本章将给出一些新的数据集，并提出新的问题，对于这些问题，你应该都有能力解决。也许你需要多次使用help，使用数据集做练习将会检验你的MATLAB技能并使你将其发挥到极致。现在，我们应该把问题从一直使用的几个数据集推广到更真实的数据集上，并且把MATLAB技能应用于新问题。最后的答案—不是步骤—放在书后，跟以前的习题答案放在一起。如果你对自己的MATLAB技能不太自信，可以把前面的例子再做一遍，然后再回来。

习题列表

8.1 决策数据

8.2 数学模拟

8.3 相关性和散点图

8.4 可视化二维响应：第一部分

8.5 可视化二维响应：第二部分

8.6 实验的制衡条件

|8.1| 决策数据

让我们先从简单的开始。第5章介绍的decision1数据集是论文Bogacz et al.（2010）中的第一个实验。该论文中还包括第二个实验，数据格式与第一个类似。看看你能否不参考以前的章节完成主要的分析。

这项实验在电脑显示器上为受试者出示了一个10×10的网格。网格的单元格用星号随机填充，要求受试者判断大多数的单元格是满的还是空的。把填充40个或60个单元格的试验编码为"容易的"，而把填充47个或53个单元格的试验编码为"困难的"。

该研究中20名受试者的数据可在decision2文件夹找到。用于.mat文件中的变量名与decision1中的那些一样，另外添加了一个变量Anum（星号数）。变量描述的完整列表保存在data_legend.txt中，如下所示。

```
 1  blocknum-number of block within the experiment, during which the

 2  trial was performed

 3  trialnum-number of trial within the block

 4  D-the delay between the response on this trial and onset of the

 5  next trial

 6  Dpen-additional penalty delay for making an error

 7  ST-binary vector describing the stimulus on the given trial,

 8  i.e. whether dots were moving leftwards or rightwards

 9  ER-binary vector describing whether participant made

10  incorrect response on this trial

11  RT-reaction time on the given trial [in seconds]

12
```

```
13· Anum-diffuculty of a trial：60=easy，53=difficult
```

1.不考虑间隔时间，第一个受试者在简单的和困难的试验中的平均错误率分别是多少？

2.在每一个间隔时间条件下，求第一个受试者在简单的试验中的平均错误率和反应时。间隔时间与 decision1 的情形相同。在困难的试验中求同样的问题。

3.在所有8个条件下，求20个受试者中每个人的平均错误率和反应时。

4.调整问题3中的代码，使其适用于结果正确的试验中的变量 RT。

5.基于问题4的输出结果，在20个受试者的样本中确定每个条件下错误率的均值和标准误。

6.绘制带误差线的错误率条形图。

7.调整条形图以增加可读性：文本变大和线条加粗。同时，调整 y 轴刻度使其有相同的小数位数。

|8.2| 数学模拟

但愿上面的练习还不错哦。接下来的这个例子，将挑战我们的极限，我们来做一个简单的模拟练习。

1.在这个练习中，做一个简单的抛硬币模拟，假定两个约束条件：（1）投掷硬币的结果（a）要么是正面，（b）要么是反面，只有这两种可能性；（2）模拟中的投掷数可在变量中设置。

2.不用 for（或 while）循环，实现习题1。

3.编写代码，迅速地查结果中出现多少次正面或反面。

4.编写函数，计算 n 次试验的移动平均值。

5.利用问题3和问题4的代码,调整后使其适用于六面的骰子。现在可能的结果应为1到6。

6.调整代码使其更灵活,适用于 n 面的骰子。(换句话说,使骰子的面数成为可调整的变量。)

7.用 max 简化问题6的代码。(提示:可能需要用 help。)

但愿你能再次明白在 MATLAB 中可以有多种方法实现一个既定问题。

|8.3| 相关性和散点图

接下来的数据集是另一个词数据库,来自论文《获得年龄(AoA),表象性和熟悉度的布里斯托尔标准》(Stadthagen-Gonzalez & Davis,2006)。AoA 是对学会某个词时的年龄的评估。(表象性和熟悉度在介绍 worddb 数据库时已经定义过了。)这个数据库称为 bristol 数据集,总共包括 1 526 个词汇的 3 种指标的评分。想了解数据集的更多信息可自行参考原文。

为方便起见,下面我们给出了这个数据文件各列的列表。

```
1 WORD

2 AoA(Yrs)

3 AoA(100~700)

4 IMG

5 FAM

6 LEN_L

7 LEN_S

8 LEN_P

9 MLBF

10 N
```

1.打开数据文本文件（在 bristol 数据文件夹中），看看它是以什么格式存储的。把数据加载到 MATLAB 中。

2.绘制表象性与熟悉度的散点图。

3.求获得年龄与表象性的相关性。这里使用按年龄评定的 AoA（而不是在 100 ~ 700 范围内）。

4.获得年龄和词长有相关性吗？用这个数据库中包含的词长的 3 种测度来求相关性。（如论文中公布的：LEN_L 表示按字母数计算的词长；LEN_S 表示按音节数计算的词长；LEN_P 表示按音素计算的词长。）

5.哪些词有最高和最低的获得年龄？各自的获得年龄分别是多少？

6.在这个数据库中，表象性排名前 10 个和后 10 个的词汇有哪些？

7.用 t 检验比较获得年龄排名前 100 个和后 100 个的词汇的表象性。

|8.4| 可视化二维响应：第一部分

接下来的数据集将进一步提升你的 MATLAB 技能。在 Gray 和 Spetch（2006）中，训练鸽子在二维空间中寻找目标隐藏的位置，二维空间基于以下两种策略之一布局：（1）在空间布局中使用地标（"Landmark"组）；（2）用墙作为目标位置的线索（"Wall"组）。扩张布局，以检测这两种策略是如何影响鸽子的搜索行为的，这种试验称为"扩张试验"。尽管在试验中搜索行为在两组中无差异，但是这里我们将尽力重现 Gray 和 Spetch（2006）论文中的"扩张"面板。让我们从部分分析数据入手：每只鸽子在一个 10cm×10cm 的网格截面中搜索的原始数字。在扩张试验下，网格区域由 10×10 个网格截面组成。扩张试验中带"网格截面"和编号的数据可在 2dpeck 文件夹中找到，如图 8-1 所示。

91	92	93	94	95	96	97	98	99	100
81	82	83	84	85	86	87	88	89	90
71	72	73	74	75	76	77	78	79	80
61	62	63	64	65	66	67	68	69	70
51	52	53	54	55	56	57	58	59	60
41	42	43	44	45	46	47	48	49	50
31	32	33	34	35	36	37	38	39	40
21	22	23	24	25	26	27	28	29	30
11	12	13	14	15	16	17	18	19	20
1	2	3	4	5	6	7	8	9	10

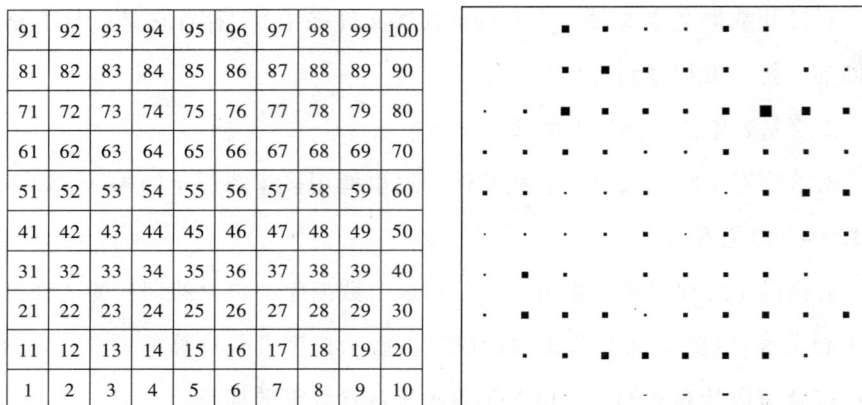

图8-1 扩张试验中"网格截面"和缩号的数据

1.加载数据。

2.计算 Landmark 组中每只鸟在每个网格截面的搜索比例。求每只鸟的平均搜索比例。检查比例和是否为1。

3.绘制类似于 Gray 和 Spetch（2006）论文中图1的搜索模式图。我绘制的图如上面右表所示。

4.当保存上面代码绘制的图形时，可能很难保证图形正好是正方形。尽管可以手工调整，但是再怎么努力也可能不精确。使用本书中的函数 fillpage 可以调整图形的页面大小并让图形成为完美的正方形，就像它原本应该的那样。你可以利用 help 学习使用 fillpage。（注：fillpage 可从 MATLAB 文件交换中获得；更多细节参看9.2.2节）

5.编写脚本，迅速地绘制出两组的图形。

6.重新编写上面贴标签的网格图像。（提示：使用 text 函数。）

|8.5| 可视化二维响应：第二部分

另一种比较常见的二维空间数据类型是图像和眼球追踪响应。在示例的数据集中，我们将使用 FIFA（Fixations In FAce；http://www.klab.caltech.edu/~moran/fifadb/）数据库中的一些数据（Cerf, Harel, Einhaeuser, & Koch, 2007）。为了这个例子，需要扩展我们的专业知识，包括掌握图像处理工具箱中的一些函数。该例中的数据可在 eyetrack 数据文件加中找到。

1. 加载 image 0001.jpg。（提示：查阅 imread 和 imshow 函数。）

2. FIFA 网站上的数据文件描述如下所示。（这个作为 data_legend.txt 也保存在 eyetrack 数据文件夹中。）

```
1  The fixations struct contains the following data for each image:
2  sbj{i}-subject number（1~9）
3  ... .age-subject age at the time they participated in the
4  experiment
5  ... .sex-m-male; f-female
6  ... .response-an array（1~200）of numbers corresponding to the
7  subject rating of the image（1~9）; ordered by
8  imgList
9  ... .order-the order by which the images were seen by the
10 subject in the actual experiment.
11 Example: find(sbj{1}.order == 16) returns 159, indicating that
12 the 159th image the subject saw was imgList{16}.
13 ... .scan{j}-scanpath for each image（1~200）. The
14 corresponding images names are listed in imgList{j}
15 ... ... .fix_x-the x location of the fixations（number of
```

```
16   fixations vary per image. fix_x(2) refers to
17     the second fixation.
18   ... ... .fix_y-the y location of the fixations
19   ... ... .fix_duration-the duration (in milliseconds) of each
20                         fixation.
21   ... ... .scan_x-the x location of the saccade. We acquired for
22                   2 seconds at 1 000Hz.
23   ... ... .scan_y-the y location of the saccade.
24
25   The imgList struct contains the following data for each image:
26   imgList{i}-the name of the image (1~200).
27
28   The annotations struct contains the following data for
29   each image:
30   an{i}-the annotation of the image, corresponding to imgList{i}.
31   ... .objects{j}-the object annotations (number of objects in
32                   each image vary)
33   ... ... .name-the labeling of the object ('Face', 'Phone',
34                   'Banana', etc.)
35   ... ... .mask-the location of the annotated object.
```

利用 annotations.mat 文件，调整图像以突出显示面部。

3.编写函数，使其能够绘制出原始图像上面所有物体的注视点，并使注视点标记的大小与注视时间成比例。比较函数输出的图像与图8-2所示的图像。

图 8-2　图像

来源：Cerf et al.（2007）。

另外的图像 10 和图像 16 的答案可参看附录 B。

4.想办法可视化原始的眼睛位置，比如用热图。现在，让我们把它作为同一个图像的不同面板来绘制。（从问题 3 的代码开始。）

5.利用问题 4 的代码，找出绘制出实际图像上的眼睛位置的方法。

6.在视觉研究中，通常给受试者出示扰频图像是非常有用的，因为这些图像保留了初始图像的颜色和亮度属性，但又不保留轮廓信息（例如，面部、实物）。尽管在 FIFA 研究中不使用扰频图形，这里我们还是试着对图像作扰频处理。本书包含一个名为 randblock 的函数，该函数也是从 MATLAB 文件交换中得到的（参看 9.2.2 节）。学习使用 randblock 创建 0001.jpg 的不同版本，使其分别具有（a）256 像素、（b）64 像素、（c）16 像素和（d）1 像素大小的块。用 imwrite 可以保存这些扰频图像。

|8.6| 实验的制衡条件

在最后一个练习中，我们将建立一个伪随机的试验序列。这里列出了一个试验列表，它们遵循着一系列预定义的规则，但都是随机的，并将此列表保存为文本文件。这个文件随后会被导入一个刺激呈现程序如 E-Prime（http：//www.pstnet.com）和演示文稿（http：//www.neurobs.com）。这样做是非常有用的，原因是有时重要的伪随机条件可能不太容易直接在这些软件包中实现，但这里我们会在 MATLAB 中预先生成试验序列以备后用。

1.生成一个包含4个实验条件的48次试验的伪随机列表，假定约束：在一行中同一条件不能连续出现3次。

2.实现一个嵌套在前面4个实验条件下的二级因子（ITI）。

3.将试验信息保存到文本文件中，并绘图说明该试验序列。

4.重新编码变量 seq 和 iti，使其成为每次试验的单值（数字1~8）。并编写脚本把值转换为独立的变量 seq 和 iti。（提示：这里 mod 可能会有用。）

第 9 章

结束语

|9.1| 新的开始

恭喜你已经学完了本书！

开始这段旅程的时候，大多数人可能对 MATLAB 还不了解。当然现在也不一定全部了解，不过已有足够的知识让你开始实现任何想做的分析。如果遇到困难，要勇于查阅 MATLAB 文档（尤其是 doc 和 lookfor）或在网上搜索。你不是第一个遇到特定分析问题的人，从更一般的角度来思考问题的话，尤其如此。

贴士 # 38

如果不确定在 MATLAB 中做某个具体分析的原因，你可以求助 MATLAB 函数 why。该函数也许不能提供你要找的答案，但是它就像 MATLAB 中内置的一个好玩的复活节彩蛋。

|9.2| 进一步展望

9.2.1 官方工具箱

现在你对 MATLAB 已经相当熟悉。在 MATLAB 中还有大量的 MathWork 公司已经开发的其他工具箱，你所在的大学也许已经获得了使用许可，这些工具箱对你的研究可能会有帮助。行为研究中最基本的工具箱是统计工具箱，第 7 章我们已经提到过。除此之外，其他值得关注的工具箱还包括以下方面：

曲线拟合工具箱：它用于拟合数据集的"曲线"，即数学函数（多项式、指数函数等）。它包括一个比较有用的 GUI。如果拥有它（例如，一个大学网站的使用许可），试用函数 cftool 是最有用的起点。

优化工具箱：它用于更为复杂的模型拟合，特别是不能用曲线拟合工具箱的非线性模型。我在实践中主要应用 fminsearch。

神经网络工具箱：我还没有用过这个工具箱，但我确定它对行为研究者是很有用的。如果你不知道神经网络是什么，暂时可以放着不管。

图像处理工具箱：学会使用图像也有必要（例如，imread，imshow），尤其对视觉研究者特别有用（例如，以 makecform 开头，从 RGB 转换到 LAB 颜色空间）。

并行计算工具箱：它用于复杂的数学模拟，常以 matlabpool 和 parfor 开头。

除了上面的工具箱，还有其他一些由 MathWorks 公司开发，且可用于行为研究的 MATLAB 工具箱，例如计量工具箱、小波工具箱和符号数学工具箱。

9.2.2 MATLAB 文件交换

MathWorks 公司为 MATLAB 开发了各种各样的工具箱，但是我们不能指望它开发出我们所需的一切。为此，MathWorks 公司维护了在线文件交换网站，用于 MATLAB 文件交换，在这里用户可以贴出自认为对别人有用的 MATLAB 脚本、函数和工具箱。看看下面网站有没有吸引你眼球的地方：

http：//www.mathworks.com/matlabcentral/fileexchange/

本书最后用到的两个函数 fillpage 和 randbloch 就是从 MATLAB 文件交换中得到的。

9.2.3 第三方工具箱

正如上节提到的，其他用户也开发了很多 MATLAB 工具箱（第三方工具箱），有些对行为研究人员也特别有用。

刺激呈现：除了分析行为数据，MATLAB 也用于运行实际的实验。实施行为实验的两个主要工具箱是心理学工具箱（也称为心理物理学工具箱；http：//psychtoolbox.org）和 Cofent 2000（http：//www.vislab.ucl.ac.uk/cogent_2000.php）。其他类似的工具也存在，包括生物心理学工具箱（http：//biopsytoolbox.sourceforge.net）和 MGL（http：//gru.brain.riken.jp/doku.php?id=mgl：overview）。

基于模型的行为分析：也有一些工具箱旨在帮助安装用于官方的，适用于行为数据的计算模型，如扩散模型分析工具箱（http：//ppw.kuleuven.be/okp/software/dmat/），其目的是对决策任务的响应时间和错误率数据建模。其他工具箱包括 MATLAB 主题建模工具箱（http：//psiexp.ss.uci.edu/research/programs_data/toolbox.htm）——语义"主题"的模型，骰子方块（http：//www.palamedestoolbox.org）——心理物理学数据的工具箱和 OXlearn（http：//psych.brookes.ac.uk/oxlearn/）——一种神经网络/联结建模的工具箱等。

神经影像学数据分析：如果你的研究更偏向于认知神经科学，那么你很幸运。MATLAB中有许多关于神经影像学数据分析的第三方MATLAB工具箱，尤其是fMRI、EEG和MEG研究人员可以利用SPM（http：//www.fil.ion.ucl.ac.uk/spm/）。EEG和MEG研究人员也可以使用EEGLAB（http：//sccn.uc-sd.edu/eeglab/）、FieldTRip（http：//fieldtrip.fcdonders.nl）、BrainStorm（http：//neuroimage.usc.edu/brainstorm/）和质量单因素的ERP工具箱（http：//openwetware.org/wiki/Mass_Univariate_ERP_Toolbox）。

也有大量的用于分析眼球追踪数据的工具箱，包括iMAP（http：//perso.unifr.ch/roberto.caldara/）和GazeAlyze（http：//gazealyze.sourceforge.net/）。

贴士#39

如果你正考虑使用第三方工具箱，可以查阅addpath、removepath和path。Startup也是非常有用的。

|9.3| 其他软件

尽管你已经逐渐熟悉MATLAB，但是有大量免费的替代品能够提供类似的功能，如何选择取决于你自身的需要，比如：Octave（http：//www.gnu.org/software/octave/）、Scilab（http：//www.scilab.org）和FreeMat（http：//freemat.sourceforge.net）。

MATLAB和这些替代品在函数名和语法上有一些差异，但是MATLAB绝不比其他替代品更好，不只因为其费用高。不过，考虑到你已经学完了本书，如果想做选择的话，你应该更有资格自己去评估这些软件包。在互联网搜索一下你就可以比较出MATLAB和上面所列程序的优劣。

有一些其他的程序明显不同于 MATLAB，但是却能实现类似的目的，这些程序包括 R（http：//www.r-project.org）、Scipy（http：//www.scipy.org/）和 Sage（http：//www.sagemath.org）。

9.3.1　Octave

在所有的可选项中，Octave 绝对是最接近 MATLAB 的一款软件。为了增强 Octave 与 MATLAB 代码的兼容性，你可以用 traditional 选项启动 Octave。更详细的内容也可以参看 http：//en.wikibooks.org/wiki/MATLAB_Programming/Differences_between_Octave_and_MATLAB。

注：MATLAB 设计的心理工具箱与 Octave 可兼容。

|附录 A|

参考文献

Bogacz, R., Hu, P. T., Holmes, P., & Cohen, J. D. (2010). Do humans produce the speed-accuracy tradeoff that maximizes reward rate? *Quarterly Journal of Experimental Psychology*, 63, 863–891.

Cerf, M., Harel, J., Einhaeuser, W., &. Koch, C. (2007). Predicting human gaze using low-level saliency combined with face detection. In *Advances in Neural Information Processing Systems (NIPS)*, (vol. 20, pp. 241–248). Cambridge, MA: MIT Press.

Gray, E. R., & Spetch, M. L. (2006). Pigeons encode absolute distance but relational direction from landmarks and walls. *Journal of Experimental Psychology: Animal Behavior Processes*, 32, 474–480.

Janschewitz, K. (2008). Taboo, emotionally-valenced, and emotionally-neutral word norms. *Behavior Research Methods, 40,* 1065–1074.

Stadthagen-Gonzalez, H., & Davis, C. J. (2006). The Bristol norms for age of acquisition, imageability, and familiarity. *Behavior Research Methods*, 38, 598–605.

Willerman, L., Schultz, R., Rutledge, J. N., & Bigler, E. (1991). In vivo brain size and intelligence. *Intelligence*, 15, 223–228.

参考答案

第1章

请注意，尽管本书提供了答案，但是通常有多种方法可以解决同一个问题。

问题1

```
1 >> iqbrain(10,1)
2 ans =
3 133
```

问题2

```
1 >> iqbrain(1:3,2)
2 ans =
3 816932
4 1001121
5 1038437
```

问题 3

```
1 >> iqbrain([5 9],:)
2 ans =
3 137 951545
4 89 904858
```

问题 4

```
1 >> (iqbrain(1,1) + iqbrain(2,1) + iqbrain(3,1)) / 3
2 ans =
3 137.3333
```

如果提前学习，还有一个"更好"的答案：

```
1 >> mean(iqbrain(1:3,1))
2 ans =
3 137.3333
```

问题 5

```
1 >> (iqbrain(8,2) + iqbrain(10,2)) / 2
2 ans =
3 904862
```

同样，更好的答案将会是：

```
1 >> (iqbrain(8,2) + iqbrain(10,2)) / 2
2 ans =
3 904862
```

问题 6

```
1 >> iqbrain(7,2) / iqbrain(7,1)
2 ans =
3 7.1834e+03
```

问题7

```
1 >> iqbrain(:,1) ./ iqbrain(:,2)

2 ans =

3 1.0e-03 *

4 0.1628

5 0.1398

6 0.1339

7 0.1378

8 0.1440

9 0.1066

10 0.1392

11 0.1077

12 0.0984

13 0.1392
```

第2章

问题1

```
1 >> cd(' ~ /Desktop/matlabintro')

2 >> mkdir('ch2test')
```

问题2

```
1 >> cd('ch2test')

2 >> dir

3. ..

4 >> cd('..')
```

问题 3

```
1 >> string = pwd
2 string =
3 /Users/chris/Desktop/matlabintro
```

问题 4

```
1 >> cd('~/Desktop/matlabintro')
2 >> cd('iqbrain')
3 >> load('data.txt')
```

问题 5

```
1 >> cd('~/Desktop/matlabintro')
2 >> cd('worddb')
3 >> fid = fopen('JanschewitzB386appB.txt', 'r');
4 >> formatstring = [ '%s %s' rempat('%f',1,19) ];
5 >> worddata=textscan(fid,formatstring, 'headerlines',5, ...
6 'delimiter', '\t');
7 >> fclose(fid);
```

第 3 章

问题 1

```
1 >> sum(data(:,1)==2)
2 ans =
3 20
```

另一个有效的答案:

```
1 >> length(find(data(:,1)==2))

2 ans =

3 20
```

问题 2

```
1 >> nanmean(data(:,4))

2 ans =

3 68.5256

4 >> nanmax(data(:,4))

5 ans =

6 77

7 >> nanmin(data(:,4))

8 ans =

9 62
```

如果你没有或者不想用现成的含 NaN 的函数，你还可以这样：

```
1 >> mean(data(find(isnan(data(:,4))),4))

2 ans = 3

3 68.5256

4 >> max(data(find(~isnan(data(:,4))),4))

5 ans =

6 77

7 >> min(data(find(~isnan(data(:,4))),4))

8 ans =

9 62
```

问题 3

```
1 >> [height,id]=nanmax(data(:,4))
```

```
2 height=

3 77

4 id =

5 28

6 >> data(id,3)

7 ans =

8 187
```

如果你没有或者不想用现成的含 NaN 的函数，你还可以这样：

```
1 >> data(find(data(:,4)==max(data(find(~isnan(data(:,4))),4))),3)

2 ans =

3 187
```

问题 4

```
1 >> fid = fopen('JanschewitzB386appB.txt', 'r');

2 >> formatstring = ['%s %s' repmat ('%f',1,19) ];

3 >> worddata=textscan(fid,formatstring, 'headerlines',5, ...

4 'delimiter', '\t');

5 >> fclose(fid);

6 >> [pos,id]=max(worddata{16})

7 pos =

8 8.0500

9 id =

10 168

11 >> worddata{1}(id)

12 ans =

13 'loved'
```

问题 5

```
1 >> [pers,id]=max(worddata{8})

2 pers =

3 8.0100

4 id =

5 158

6 >> worddata{1}(id)

7 ans =

8 'food'

9 >> [fam,id]=max(worddata{10})

10 fam =

11 8.1800

12 id =

13 158

14 >> worddata{1}(id)

15 ans =

16 'food'
```

问题 6

```
1 >> types=unique(worddata{2}(1:460))

2 types =

3 'neg hi ar'

4 'neg lo ar'

5 'pos hi ar'

6 'pos lo ar'

7 'rel neu'
```

```
8 'taboo'

9 'unrel neu'

10 >> val(1) = mean(worddata{16}(find(strcmp(worddata{2},types(1)))))

11 val =

12 3.2009

13 >> val(2) = mean(worddata{16}(find(strcmp(worddata{2},types(2)))))

14 val =

15 3.2009 3.3896

16 >> val(3) = mean(worddata{16}(find(strcmp(worddata{2},types(3)))))

17 val =

18 3.2009 3.3896 6.2393

19 >> val(4) = mean(worddata{16}(find(strcmp(worddata{2},types(4)))))

20 val =

21 3.2009 3.3896 6.2393 6.3450

22 >> val(5) = mean(worddata{16}(find(strcmp(worddata{2},types(5)))))

23 val =

24 3.2009 3.3896 6.2393 6.3450 5.1075

25 >> val(6) = mean(worddata{16}(find(strcmp(worddata{2},types(6)))))

26 val =

27 3.2009 3.3896 6.2393 6.3450 5.1075 3.5370

28 >> val(7) = mean(worddata{16}(find(strcmp(worddata{2},types(7)))))

29 val =

30 3.2009 3.3896 6.2393 6.3450 5.1075 3.5370 5.0471

31 >> types

32 ans =
```

```
33 Columns 1 through 5
34 'neg hi ar' 'neg lo ar' 'pos hi ar' 'pos lo ar' 'rel neu'
35 Columns 6 through 7
36 'taboo' 'unrel neu'
37 >> val
38 val =
39 3.2009 3.3896 6.2393 6.3450 5.1075 3.5370 5.0471
```

问题 7

```
1 >> imagTab = mean(worddata{20}(find(strcmp(worddata{2},'taboo'))))
2 imagTab =
3 4.5410
4 >> negHiTab = mean(worddata{20}(find(strcmp(worddata{2}, ...
5 'neg hi ar'))))
6 negHiTab =
7 4.5202
8 >> posHiTab = mean(worddata{20}(find(strcmp(worddata{2}, ...
9 'pos hi ar'))))
10 posHiTab =
11 4.7183
12 >> negLoTab = mean(worddata{20}(find(strcmp(worddata{2}, ...
13 'neg lo ar'))))
14 negLoTab =
15 4.2839
16 >> posLoTab = mean(worddata{20}(find(strcmp(worddata{2}, ...
17 'pos lo ar'))))
```

```
18 posLoTab =

19 5.0804
```

问题 8

```
1 >> [val,idsImag]=sort(worddata{20}(1:460));

2 >> TopImag = worddata{1}(idsImag(end:-1:(end-10)))

3 TopImag =

4 'cake'

5 'circle'

6 'pillow'

7 'egg'

8 'pencil'

9 'snake'

10 'violin'

11 'yellow'

12 'pig'

13 'bunny'

14 'hammer'

15 >> [val,idsLen]=sort(worddata{3}(1:460));

16 >> Len100 = worddata{1}(idsLen(100:110))

17 Len100 =

18 'snob'

19 'chin'

20 'cord'

21 'cork'

22 'farm'
```

23	'foot'
24	'fork'
25	'item'
26	'knot'
27	'obey'
28	'rain'

问题 9

```
1 >> medLetters = median(worddata{3}(1:460))
2 medLetters =
3 5
4 >> medSyllables = median(worddata{4}(1:460))
5 medSyllables =
6 2
```

第 4 章

问题 1

```
1 >> fid = fopen('JanschewitzB386appB.txt','r');
2 >> formatstring = ['%s %s' repmat ('%f',1, 19) ];
3 >> worddata=textscan(fid,formatstring, 'headerlines',5, ...
4 'delimiter', '\t');
5 >> fclose(fid);
6
7 >> types = unique(worddata{2}(1:460));
8 >> imag(1) = mean(worddata{20}(find(strcmp(worddata{2},types(1)))));
9 >> imag(2) = mean(worddata{20}(find(strcmp(worddata{2},types(2)))));
```

```
10 >> imag(3) = mean(worddata{20}(find(strcmp(worddata{2},types(3)))));

11 >> imag(4) = mean(worddata{20}(find(strcmp(worddata{2},types(4)))));

12 >> imag(5) = mean(worddata{20}(find(strcmp(worddata{2},types(5)))));

13 >> imag(6) = mean(worddata{20}(find(strcmp(worddata{2},types(6)))));

14 >> imag(7) = mean(worddata{20}(find(strcmp(worddata{2},types(7)))));

15 >> imag

16

17 >> barh(imag)

18 >> set(gca, 'YTick',1:7)

19 >> set(gca, 'YTickLabel',types)
```

加入空行是为了提高可读性。

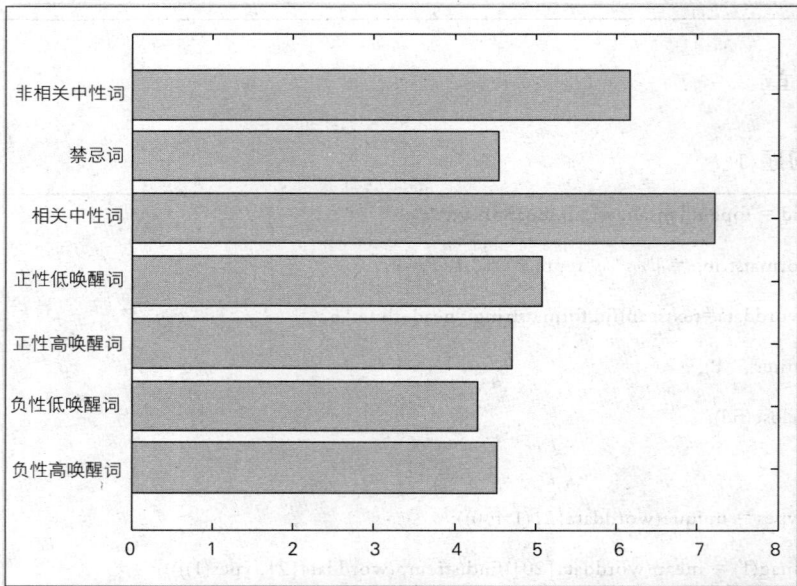

图 B.1

问题 2

```
1 >> types=unique(worddata{2}(1:460))

2 >> i=1;

3 >> mFam(i)=mean(worddata{10}(find(strcmp(worddata{2},types{i}))));

4 >> stdFam(i)=std(worddata{10}(find(strcmp(worddata{2},types{i}))));

5 >> mUse(i)=mean(worddata{8}(find(strcmp(worddata{2},types{i}))));

6 >> stdUse(i)=std(worddata{8}(find(strcmp(worddata{2},types{i}))));

7 >> nWord(i)=sum(strcmp(worddata{2},types{i}));

8 >> i=i+1;

9 >> mFam(i)=mean(worddata{10}(find(strcmp(worddata{2},types{i}))));

10 >> stdFam(i)=std(worddata{10}(find(strcmp(worddata{2},types{i}))));

11 >> mUse(i)=mean(worddata{8}(find(strcmp(worddata{2},types{i}))));

12 >> stdUse(i)=std(worddata{8}(find(strcmp(worddata{2},types{i}))));

13 >> nWord(i)=sum(strcmp(worddata{2},types{i}));

14 >> i=i+1;

15 >> mFam(i)=mean(worddata{10}(find(strcmp(worddata{2},types{i}))));

16 >> stdFam(i)=std(worddata{10}(find(strcmp(worddata{2},types{i}))));

17 >> mUse(i)=mean(worddata{8}(find(strcmp(worddata{2},types{i}))));

18 >> stdUse(i)=std(worddata{8}(find(strcmp(worddata{2},types{i}))));

19 >> nWord(i)=sum(strcmp(worddata{2},types{i}));

20 >> i=i+1;

21 >> mFam(i)=mean(worddata{10}(find(strcmp(worddata{2},types{i}))));

22 >> stdFam(i)=std(worddata{10}(find(strcmp(worddata{2},types{i}))));

23 >> mUse(i)=mean(worddata{8}(find(strcmp(worddata{2},types{i}))));

24 >> stdUse(i)=std(worddata{8}(find(strcmp(worddata{2},types{i}))));
```

```
25 >> nWord(i)=sum(strcmp(worddata{2},types{i}));

26 >> i=i+1;

27 >> mFam(i)=mean(worddata{10}(find(strcmp(worddata{2},types{i}))));

28 >> stdFam(i)=std(worddata{10}(find(strcmp(worddata{2},types{i}))));

29 >> mUse(i)=mean(worddata{8}(find(strcmp(worddata{2},types{i}))));

30 >> stdUse(i)=std(worddata{8}(find(strcmp(worddata{2},types{i}))));

31 >> nWord(i)=sum(strcmp(worddata{2},types{i}));

32 >> i=i+1;

33 >> mFam(i)=mean(worddata{10}(find(strcmp(worddata{2},types{i}))));

34 >> stdFam(i)=std(worddata{10}(find(strcmp(worddata{2},types{i}))));

35 >> mUse(i)=mean(worddata{8}(find(strcmp(worddata{2},types{i}))));

36 >> stdUse(i)=std(worddata{8}(find(strcmp(worddata{2},types{i}))));

37 >> nWord(i)=sum(strcmp(worddata{2},types{i}));

38 >> i=i+1;

39 >> mFam(i)=mean(worddata{10}(find(strcmp(worddata{2},types{i}))));

40 >> stdFam(i)=std(worddata{10}(find(strcmp(worddata{2},types{i}))));

41 >> mUse(i)=mean(worddata{8}(find(strcmp(worddata{2},types{i}))));

42 >> stdUse(i)=std(worddata{8}(find(strcmp(worddata{2},types{i}))));

43 >> nWord(i)=sum(strcmp(worddata{2},types{i}));

44

45 >> mFam

46 >> semFam = stdFam./sqrt(nWord)

47

48 >> mUse

49 >> semUse = stdUse./sqrt(nWord)
```

```
50

51 >> bar((1:7)−.2,mFam, 'facecolor',imbhex2color('91D2E2'), ...

52 'barwidth',.35)

53 >> hold on

54 >> bar((1:7)+.2,mUse, 'facecolor',imbhex2color('E5E5E5'), ...

55 'barwidth',.35)

56 >> errorbar((1:7)−.2,mFam,semFam, '.   k', 'markersize',1)

57 >> errorbar((1:7)+.2,mUse,semUse, '.k','markersize',1)

58 >> axis([0 8 1 9])

59 >> set(gca, 'XTick',1:7)

60 >> set(gca, 'XTickLabel',types)

61 >> plot([0 8],[1 1], 'k')

62 >> legend('Familiarity', 'Personal Use')

63 >> legend boxoff

64 >> set(gca, 'fontsize',10)

65 >> a=xlabel('Word Type');

66 >> b=ylabel('Mean Rating');

67 >> set(a, 'fontsize',14, 'fontweight', 'bold')

68 >> set(b, 'fontsize',14, 'fontweight', 'bold')

69 >> set(gca, 'TickDir', 'out')

70 >> box off

71 >> hold off
```

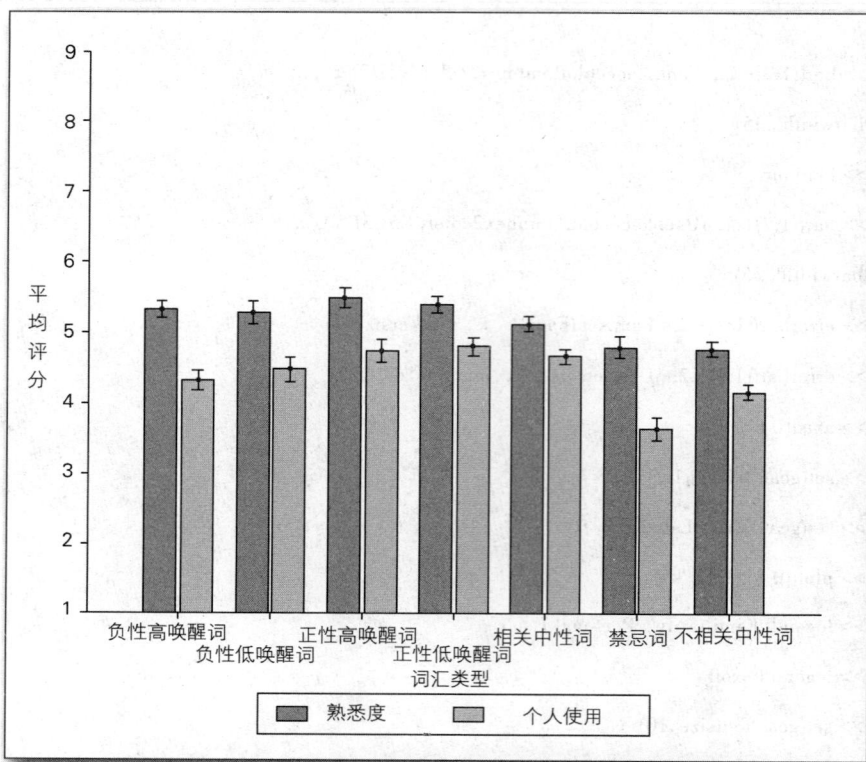

图 B.2

问题 3

```
1 >> types = unique(worddata{2}(1:460));

2 >> aro1 = worddata{18}(find(strcmp(worddata{2},types{1})));

3 >> val1 = worddata{16}(find(strcmp(worddata{2},types{1})));

4 >> aro2 = worddata{18}(find(strcmp(worddata{2},types{2})));

5 >> val2 = worddata{16}(find(strcmp(worddata{2},types{2})));

6 >> aro3 = worddata{18}(find(strcmp(worddata{2},types{3})));
```

```
7 >> val3 = worddata{16}(find(strcmp(worddata{2},types{3})));

8 >> aro4 = worddata{18}(find(strcmp(worddata{2},types{4})));

9 >> val4 = worddata{16}(find(strcmp(worddata{2},types{4})));

10 >> aro5 = worddata{18}(find(strcmp(worddata{2},types{5})));

11 >> val5 = worddata{16}(find(strcmp(worddata{2},types{5})));

12 >> aro6 = worddata{18}(find(strcmp(worddata{2},types{6})));

13 >> val6 = worddata{16}(find(strcmp(worddata{2},types{6})));

14 >> aro7 = worddata{18}(find(strcmp(worddata{2},types{7})));

15 >> val7 = worddata{16}(find(strcmp(worddata{2},types{7})));

16

17 >> scatter(val1,aro1, 'vr')

18 >> hold on

19 >> scatter(val2,aro2, 'ms')

20 >> scatter(val3,aro3, '^b')

21 >> scatter(val4,aro4, 'cd')

22 >> scatter(val5,aro5, '+y')

23 >> scatter(val6,aro6, 'xk')

24 >> scatter(val7,aro7, 'pg')

25 >> xlabel('Valence')

26 >> ylabel('Arousal')

27 >> axis([1 9 1 9])

28 >> legend(types)
```

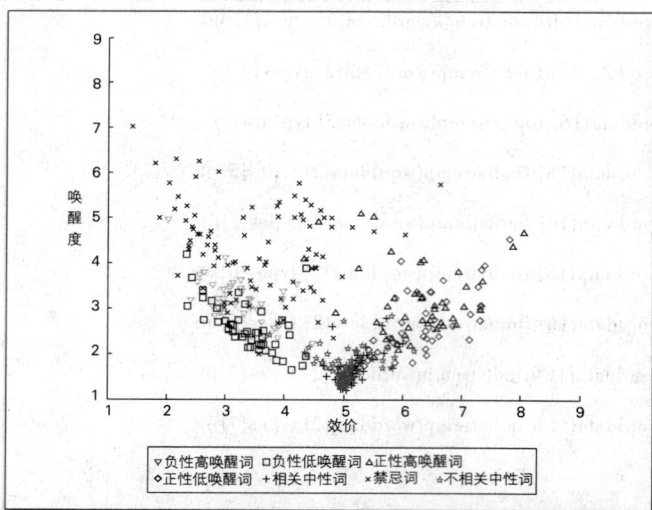

图 B.3

问题 4

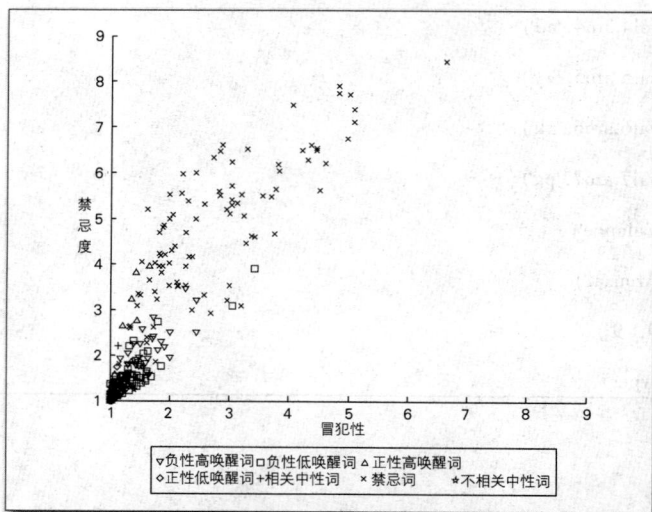

图 B.4

```
1 >> types=unique(worddata{2}(1:460));

2 >> tab1 = worddata{14}(find(strcmp(worddata{2},types{1})));

3 >> off1 = worddata{12}(find(strcmp(worddata{2},types{1})));

4 >> tab2 = worddata{14}(find(strcmp(worddata{2},types{2})));

5 >> off2 = worddata{12}(find(strcmp(worddata{2},types{2})));

6 >> tab3 = worddata{14}(find(strcmp(worddata{2},types{3})));

7 >> off3 = worddata{12}(find(strcmp(worddata{2},types{3})));

8 >> tab4 = worddata{14}(find(strcmp(worddata{2},types{4})));

9 >> off4 = worddata{12}(find(strcmp(worddata{2},types{4})));

10 >> tab5 = worddata{14}(find(strcmp(worddata{2},types{5})));

11 >> off5 = worddata{12}(find(strcmp(worddata{2},types{5})));

12 >> tab6 = worddata{14}(find(strcmp(worddata{2},types{6})));

13 >> off6 = worddata{12}(find(strcmp(worddata{2},types{6})));

14 >> tab7 = worddata{14}(find(strcmp(worddata{2},types{7})));

15 >> off7 = worddata{12}(find(strcmp(worddata{2},types{7})));

16

17 >> scatter(off1,tab1, 'vr')

18 >> hold on

19 >> scatter(off2,tab2, 'ms')

20 >> scatter(off3,tab3, '^b')

21 >> scatter(off4,tab4, 'cd')

22 >> scatter(off5,tab5, '+y')

23 >> scatter(off6,tab6, 'xk')

24 >> scatter(off7,tab7, 'pg')

25 >> xlabel('Offensiveness')
```

```
26 >> ylabel('Tabooness')

27 >> axis([1 9 1 9])

28 >> legend(types)
```

问题 5

```
1 >> load data.txt

2 >> sort(data(:,2))

3 ans =

4 Columns 1 through 10

5 77 80 81 83 83 83 85 88 89 89

6 Columns 11 through 20

7 90 91 92 96 97 99 100 101 103 103

8 Columns 21 through 30

9 130 132 132 133 133 133 133 133 135 135

10 Columns 31 through 40

11 137 138 139 139 140 140 140 141 141 144

12 >> HIQ = data(find(data(:,2)>115),2)

13 HIQ =

14 Columns 1 through 10

15 133 140 139 133 137 138 133 132 141 135

16 Columns 11 through 20

17 140 132 135 139 141 130 133 144 133 140

18 >> LIQ = data(find(data(:,2)<115),2)

19 LIQ =

20 Columns 1 through 10

21 99 92 89 96 83 100 101 80 83 97
```

◆ 258 ◆ **MATLAB导论**

```
22 Columns 11 through 20

23 91 85 103 77 103 90 83 88 81 89

24 >> errorbar(1,mean(HIQ),mean(HIQ)-min(HIQ),max(HIQ)-mean(HIQ), '.k')

25 >> hold on

26 >> errorbar(2,mean(LIQ),mean(LIQ)-min(LIQ),max(LIQ)-mean(LIQ), '.k')

27 >> xlabel('Group')

28 >> ylabel('IQ Score')

29 >> set(gca, 'XTick',1:2)

30 >> set(gca, 'XTickLabel',{ 'High', 'Low'})
```

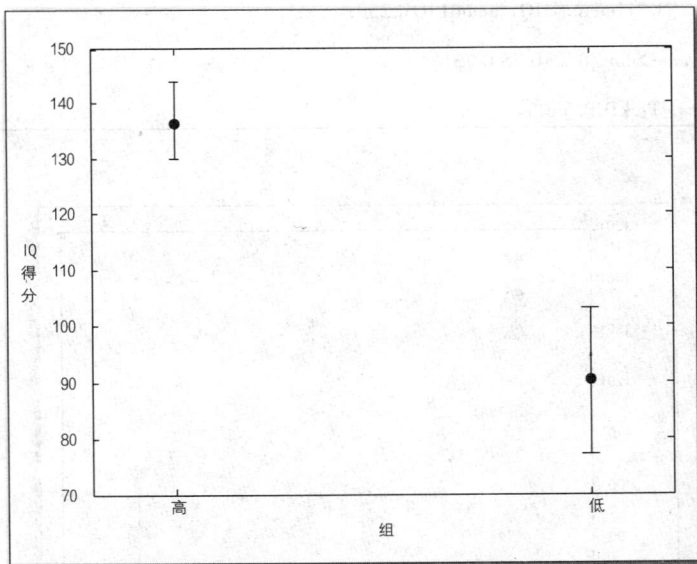

图 B.5

问题 6

```
1 >> errorbar(1,mean(HIQ),mean(HIQ)-min(HIQ),max(HIQ)-mean(HIQ), '.k')
```

```
2 >> hold on

3 >> errorbar(2,mean(LIQ),mean(LIQ)−min(LIQ),max(LIQ)−mean(LIQ), '.k')

4 >> xlabel('Group')

5 >> ylabel('IQ Score')

6 >> set(gca,'XTick',1:2)

7 >> set(gca, 'XTickLabel',{ 'High', 'Low'})

8 >> scatter([1 2],[max(HIQ) max(LIQ)],250, 'vk', ...

9 'MarkerFaceColor',[0.25 0.25 0.25])

10 >> scatter([1 2],[min(HIQ) min(LIQ)],250, '^k', ...

11 'MarkerFaceColor',[0.25 0.25 0.25])

12 >> scatter([1 2],[mean(HIQ) mean(LIQ)],250,ok, ...

13 'MarkerFaceColor',[0.75 0.75 0.75])

14 >> set(gca, 'TickDir', 'out')
```

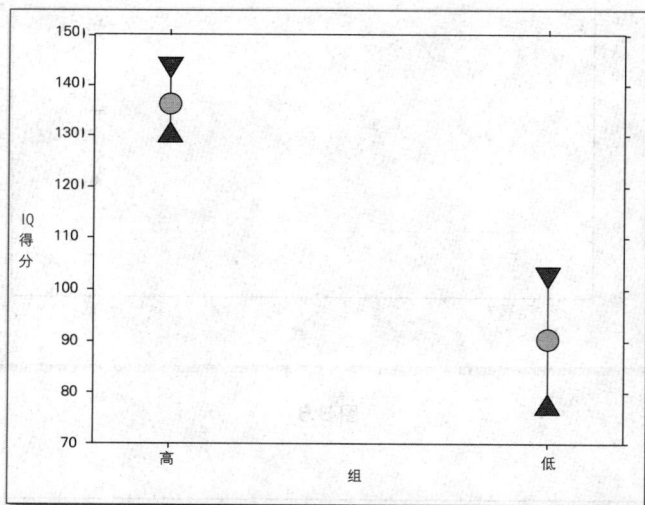

图 B.6

第5章

问题1

代码：

```
1 fid = fopen('JanschewitzB386appB.txt','r');

2 formatstring = ['%s%s' repmat('%f',1,19) ];

3 worddata=textscan(fid,formatstring,'headerlines',5,'delimiter','\t');

4 fclose(fid);

5

6 types=unique(worddata{2}(1:460));

7 for i = 1:length(types)

8 val(i) = mean(worddata{16}(find(strcmp(worddata{2},types(i)))));

9 end

10

11 types

12 val
```

输出结果：

```
1 types =

2 'neg hi ar'

3 'neg lo ar'

4 'pos hi ar'

5 'pos lo ar'

6 'rel neu'

7 'taboo'

8 'unrel neu'
```

```
9 val =

10 3.2009 3.3896 6.2393 6.3450 5.1075 3.5370 5.0471
```

问题 2

代码:

```
1 types=unique(worddata{2}(1:460))

2

3 for i=1:length(types)

4 mFam(i)=mean(worddata{10}(find(strcmp(worddata{2},types{i}))));

5 stdFam(i)=std(worddata{10}(find(strcmp(worddata{2},types{i}))));

6

7 mUse(i)=mean(worddata{8}(find(strcmp(worddata{2},types{i}))));

8 stdUse(i)=std(worddata{8}(find(strcmp(worddata{2},types{i}))));

9

10 nWord(i)=sum(strcmp(worddata{2},types{i}));

11 end

12

13 mFam

14 semFam = stdFam./sqrt(nWord)

15

16 mUse

17 semUse = stdUse./sqrt(nWord)

18

19 bar((1:7)-.2,mFam,'facecolor',imbhex2color('91D2E2'),'barwidth',.35)

20 hold on

21 bar((1:7)+.2,mUse,'facecolor',imbhex2color('E5E5E5'),'barwidth',.35)
```

```
22 errorbar((1:7)-.2,mFam,semFam,'.k','markersize',1)

23 errorbar((1:7)+.2,mUse,semUse,'.k','markersize',1)

24

25 axis([0 8 1 9])

26 set(gca,'XTick',1:7)

27 set(gca,'XTickLabel',types)

28 plot([0 8],[1 1],'k')

29 legend('Familiarity','Personal Use')

30 legend boxoff

31 set(gca,'fontsize',10)

32 a=xlabel('Word Type');

33 b=ylabel('Mean Rating');

34 set(a,'fontsize',14,'fontweight','bold')

35 set(b,'fontsize',14,'fontweight','bold')

36 set(gca,'TickDir','out')

37 box off

38 hold off
```

输出结果:

```
1 types =

2 'neg hi ar'

3 'neg lo ar'

4 'pos hi ar'

5 'pos lo ar'

6 'rel neu'

7 'taboo'
```

```
8 'unrel neu'

9 mFam =

10 5.3176 5.2763 5.4902 5.3974 5.1266 4.7927 4.7752

11 semFam =

12 0.1154 0.1598 0.1423 0.1124 0.0982 0.1522 0.1035

13 mUse =

14 4.3250 4.4787 4.7383 4.8080 4.6620 3.6446 4.1699

15 semUse =

16 0.1341 0.1782 0.1693 0.1320 0.1156 0.1578 0.1136
```

生成的图形跟第 4 章问题 2 的图形完全一样。

问题 3

```
1 for sub = 1:20
2 load(sprintf('subject4%02.of',sub))
3 ERdir(sub,:) = [sub mean(ER(find(ST==1))) mean(ER(find(ST==0)))];
4 end
```

问题 4

```
1 function nOccur = freq(x)
2
3 vals = unique(x);
4
5 for i = 1:length(vals)
6 nOccur(i,:) = [ vals(i) sum(x==vals(i)) ];
7 end
```

问题 5

```
1 >> D(find(trialnum==1))
```

```
2 ans =

3 0.5000 2.0000 0.5000 1.0000 2.0000

4 >> Dpen(find(trialnum==1))

5 ans =

6 1.5000 0 0 0
```

第6章

问题 1

```
1 fid = fopen('JanschewitzB386appB.txt','r');

2 formatstring = [ '%s %s' repmat (' %f',1,19) ];

3 'worddata=textscan(fid,formatstring,'headerlines',5,'delimiter','\t');

4 fclose(fid);
```

问题 2

```
1 scatter(worddata{10}(1:460),worddata{8}(1:460))
```

错误：两个参数需要用相同的行数。Worddata 在末尾有一些"额外的"行。

问题 3

```
1 imagTab = mean(worddata{20}(find(strcmp(worddata{2},'taboo'))))
```

错误：缺少括号，strcmp 后缺两个括号，末尾缺一个括号。strcmp 后不应有逗号。

问题 4

```
1 types=unique(worddata{2}(1:460))
```

错误：worddata 是矩阵组成的元胞数组，不能合并两个维度。

问题 5

```
1 % find numbers divisible by 3 within certain range
2 numbers = 277:300;
3 div3 = numbers(find(mod(numbers,3)==0));
```

第7章

问题 1

代码:

```
1 for sub = 1:20
2 load(sprintf('subject4%02.0f',sub))
3 ERsub(sub,:) = [ sub mean(ER(find(D==1))) mean(ER(find(D==2))) ];
4 End
5 [h,p,ci,stat]=ttest(ERsub(:,2),ERsub(:,3))
```

输出结果:

```
1 h =
2 1
3 p =
4 0.0036
5 ci =
6 0.0111
7 0.0488
8 stat =
9 tstat: 3.3230
10 df: 19
11 sd: 0.0403
```

问题2

代码：

```
1 for sub = 1:20
2 load(sprintf('subject4%02.0f',sub))
3 ERdir(sub,:) = [sub mean(ER(find(ST==1))) mean(ER(find(ST==0)))];
4 end
5
6 [h,p,ci,stat]=ttest(ERdir(:,2),ERdir(:,3))
```

输出结果：

```
1 h =
2 0
3 p =
4 0.0579
5 ci =
6 -0.0617
7 0.0011
8 stat =
9 tstat: -2.0186
10 df: 19
11 sd: 0.0671
```

问题3

代码：

```
1 fid = fopen('JanschewitzB386appB.txt','r');
2 formatstring = [ '%s %s' repmat (' %f'1,19) ];
3 'worddata=textscan(fid,form atstring,'headerlines',5,'delimiter','\t');
```

```
4 fclose(fid);

5

6 offNegHi = worddata{12}(find(strcmp(worddata{2},'neg hi ar')));

7 offPosHi = worddata{12}(find(strcmp(worddata{2},'pos hi ar')));

8

9 [h,p,ci,stat]=ttest2(offNegHi,offPosHi)
```

输出结果：

```
1 h =

2 1

3 p =

4 7.5106e-10

5 ci =

6 0.2779

7 0.5034

8 stat =

9 tstat: 6.8858

10 df: 90

11 sd: 0.2721
```

问题 4

代码：

```
1 fam = worddata{10}(1:460);

2 use = worddata{8}(1:460);

3 [r,p] = corr(fam,use)
```

输出结果：

```
1 r =
```

```
2 0.9325
3 p =
4 9.5203e-205
```

问题 5

代码:

```
1 >> val = worddata{16}(1:460);
2 >> aro = worddata{18(1:460);
3 >> [r,p] = corr(val,aro)
4 r =
5 -0.3766
6 p =
7 6.0231e-17
8 >> [h,p,jbstat] = jbtest(val)
9 h =
10 0
11 p =
12 0.1114
13 jbstat =
14 4.0923
15 >> [h,p,jbstat] = jbtest(aro)
16 Warning: P is less than the smallest tabulated value, returning 0.001.
17 > In jbtest at 143
18 h =
19 1
20 p =
```

```
21 1.0000e-03

22 jbstat =

23 61.5009

24 >> [rho,p] = corr(val,aro,'type','spearman')

25 rho =

26 -0.3435

27 p =

28 3.4778e-14
```

这部分，你还可以参看图4-7。

问题6

输出结果：

```
1 >> freq2(worddata{2}(1:460))

2 ans =

3 'neg hi ar' [46]

4 'neg lo ar' [46]

5 'pos hi ar' [46]

6 'pos lo ar' [46]

7 'rel neu' [92]

8 'taboo' [92]

9 'unrel neu' [92]

10 >> freq2(blocknum)

11 ans =

12 1 247

13 2 147

14 3 347
```

15	4	239
16	5	150

代码：

```
1 function nOccur = freq2(x)
2
3 vals = unique(x);
4
5 for i = 1:length(vals)
6 if iscell(vals(i))
7 nOccur{i,:} = [ vals(i) sum(strcmp(x,vals(i))) ];
8 else
9 nOccur{i,:} = [ vals(i) sum(x==vals(i)) ];
10 end
11 end
12
13 nOccur = [nOccur{:}];
14 nOccur = reshape(nOccur,2,length(nOccur)/2)';
```

第8章

正如前面提到的，有很多方法可以解决同一个问题，特别是在给定问题却不指明方向的情况下。下面给出的是我能想到的最好的答案。如果有兴趣的话，你可以看看谁的方法更高效，请充分利用第6章讲的优化方法。

8.1

问题1

```
1 >> load subject101
```

```
2 >> EReasy = mean(ER(find(Anum==60)))

3 EReasy =

4 0.0864

5 >> ERdiff = mean(ER(find(Anum==53)))

6 ERdiff =

7 0.3083
```

问题 2

简单试验：

```
1 >> EReasyCond(1) = mean(ER(find(Anum==60 & D==0.5 & Dpen==0)))

2 EReasyCond =

3 0.1220

4 >> EReasyCond(2) = mean(ER(find(Anum==60 & D==1 & Dpen==0)))

5 EReasyCond =

6 0.1220 0.0833

7 >> EReasyCond(3) = mean(ER(find(Anum==60 & D==2 & Dpen==0)))

8 EReasyCond =

9 0.1220 0.0833 0.0707

10 >> EReasyCond(4) = mean(ER(find(Anum==60 & D==0.5 & Dpen==1.5)))

11 EReasyCond =

12 0.1220 0.0833 0.0707 0.0636
```

困难试验：

```
1 ERdiffCond(1) = mean(ER(find(Anum==53 & D==0.5 & Dpen==0)));

2 ERdiffCond(2) = mean(ER(find(Anum==53 & D==1 & Dpen==0)));

3 ERdiffCond(3) = mean(ER(find(Anum==53 & D==2 & Dpen==0)));

4 ERdiffCond(4) = mean(ER(find(Anum==53 & D==0.5 & Dpen==1.5)));
```

```
5 ERdiffCond
```

输出结果：

```
1 ERdiffCond =

2 0.3822 0.2516 0.3175 0.2364
```

问题3

代码：

```
1 easy = 60;

2 diff = 53

3 condD = [0.5 1 2 0.5 ];

4 condDpen = [ 0 0 0 1.5 ];

5

6 for sub = 1:20

7 load(sprintf('subject%.0f',sub+100))

8 for cond = 1:4

9 EReasyCond(sub,cond) = mean(ER(find(Anum==easy & ...

10 D==condD(cond) & Dpen==condDpen(cond))));

11 ERdiffCond(sub,cond) = mean(ER(find(Anum==diff & ...

12 D==condD(cond) & Dpen==condDpen(cond))));

13 RTeasyCond(sub,cond) = mean(RT(find(Anum==easy & ...

14 D==condD(cond) & Dpen==condDpen(cond))));

15 RTdiffCond(sub,cond) = mean(RT(find(Anum==diff & ...

16 D==condD(cond) & Dpen==condDpen(cond))));

17 end

18 end

19
```

```
20 EReasyCond
21 ERdiffCond
22 RTeasyCond
23 RTdiffCond
```

请注意：只在这儿需要…，因为代码不适合打印页面。

输出结果：

```
1 EReasyCond =
2 0.1220 0.0833 0.0707 0.0636
3 0.4505 0.0705 0.0444 0.0706
4 0.0265 0.0204 0.0333 0.0103
5 0.1700 0.0982 0.1244 0.0962
6 0.0311 0.0559 0.0214 0.0563
7 ...
8 ERdiffCond =
9 0.3822 0.2516 0.3175 0.2364
10 0.4846 0.4643 0.3701 0.3203
11 0.4396 0.2326 0.2360 0.1667
12 0.4000 0.3087 0.2626 0.2789
13 0.3043 0.2042 0.2744 0.2397
14 ...
15 RTeasyCond =
16 0.4415 0.4329 0.4384 0.4176
17 0.0262 0.5384 0.6740 0.8051
```

问题 4

代码：

```
1 easy = 60;

2 diff = 53;

3 condD = [ 0.5 1 2 0.5 ];

4 condDpen = [ 0 0 0 1.5 ];

5

6 for sub = 1:20

7 load(sprintf('subject%.0f',sub+100))

8 for cond = 1:4

9 EReasyCond(sub,cond) = mean(ER(find(Anum==easy & ...

10 D==condD(cond) & Dpen==condDpen(cond))));

11 ERdiffCond(sub,cond) = mean(ER(find(Anum==diff & ...

12 D==condD(cond) & Dpen==condDpen(cond))));

13 RTeasyCond(sub,cond) = mean(RT(find(Anum==easy & ...

14 D==condD(cond) & Dpen==condDpen(cond) & ER==0)));

15 RTdiffCond(sub,cond) = mean(RT(find(Anum==diff & ...

16 D==condD(cond) & Dpen==condDpen(cond) & ER==0)));

17 end

18 end

19

20

21 EReasyCond

22 ERdiffCond

23 RTeasyCond
```

输出结果：

```
1 EReasyCond =
2 0.1220 0.0833 0.0707 0.0636
3 0.4505 0.0705 0.0444 0.0706
4 0.0265 0.0204 0.0333 0.0103
5 0.1700 0.0982 0.1244 0.0962
6 0.0311 0.0559 0.0214 0.0563
7 ...
8 ERdiffCond =
9 0.3822 0.2516 0.3175 0.2364
10 0.4846 0.4643 0.3701 0.3203
11 0.4396 0.2326 0.2360 0.1667
12 0.4000 0.3087 0.2626 0.2789
13 0.3043 0.2042 0.2744 0.2397
14 ...
15 RTeasyCond =
16 0.4406 0.4339 0.4393 0.4195
17 0.0307 0.5391 0.6671 0.7896
18 0.6625 0.5960 0.6481 0.5064
19 0.4498 0.4785 0.5028 0.5113
20 0.5544 0.4883 0.5721 0.5347
21 ...
22 RTdiffCond =
23 0.4526 0.4975 0.5576 0.5911
```

```
24 0.0241 0.0816 1.1053 0.8628

25 0.2621 0.7833 0.8949 0.7566

26 0.4968 0.6235 0.6951 0.7134

27 0.7940 0.6926 0.9112 0.7439

28 ...
```

问题 5

代码：

```
1 mEReasyCond = mean(EReasyCond)

2 mERdiffCond = mean(ERdiffCond)

3

4 semEReasyCond = std(EReasyCond)/sqrt(20)

5 semERdiffCond = std(ERdiffCond)/sqrt(20)
```

输出结果：

```
1 mEReasyCond =

2 0.1362 0.0624 0.0494 0.0445

3 mERdiffCond =

4 0.3242 0.3122 0.2661 0.2422

5 semEReasyCond =

6 0.0344 0.0127 0.0085 0.0046

7 semERdiffCond =

8 0.0221 0.0212 0.0129 0.0088
```

问题 6

代码：

```
1 posEasy = [1:4]-0.2;

2 posDiff = [1:4]+0.2;
```

```
3
4 figure
5 hold on
6 bar(posEasy,mEReasyCond,'barwidth',0.35,'facecolor',[0.5 0.5 0.7]);
7 bar(posDiff,mERdiffCond,'barwidth',0.35,'facecolor',[0.5 0.5 0.3]);
8
9 legend('Easy','Difficult')
10 legend boxoff
11
12 errorbar(posEasy,mEReasyCond,semEReasyCond,'.k');
13 errorbar(posDiff,mERdiffCond,semERdiffCond,'.k');
14
15 axis([0.4 4.5 0 0.4])
16
17 xlabel('Delay Condition')
18 ylabel('Error Rate')
19
20 set(gca,'XTick',1:4);
21 set(gca,'XTickLabel',{'0.5' '1' '2' '0.5+1.5'});
22 set(gca,'YTick',0:.05:.4);
23
24 set(gca,'TickDir','out');
25
26 orient landscape
27 print('-dpdf','meanER.pdf')
```

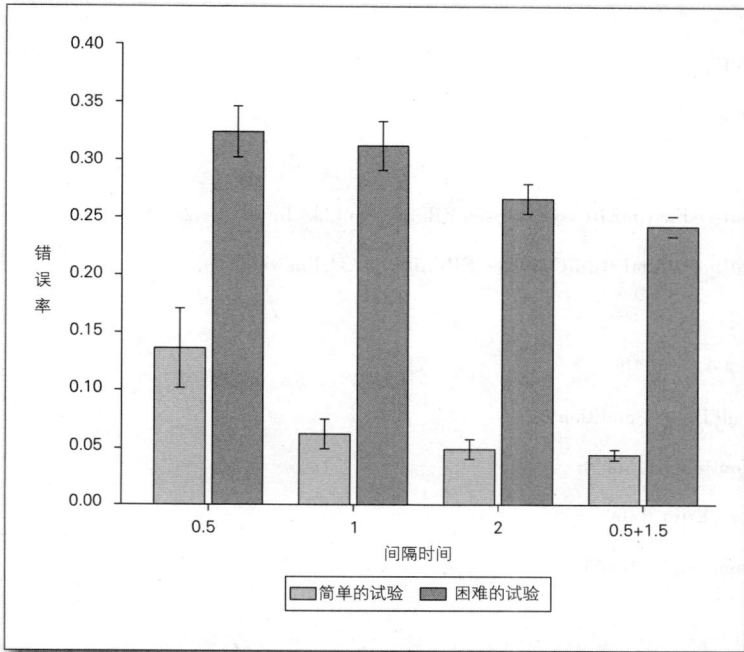

图 B.7

问题 7

```
1 posEasy = [1:4]−0.2;

2 posDiff = [1:4]+0.2;

3

4 figure

5 set(gca,'fontsize',26);

6 set(gca,'linewidth',2);

7 hold on

8 bar(posEasy,mEReasyCond,'barwidth',0.35,'facecolor',[0.5 0.5 0.7], ...

9 'linewidth',2);

10 bar(posDiff,mERdiffCond,'barwidth',0.35,'facecolor',[0.5 0.5 0.3], ...
```

```
11 'linewidth',2);

12 legend('Easy','Difficult')

13 legend boxoff

14

15 errorbar(posEasy,mEReasyCond,semEReasyCond,'.k','linewidth',2);

16 errorbar(posDiff,mERdiffCond,semERdiffCond,'.k','linewidth',2);

17

18 axis([0.4 4.5 0 0.4])

19 h=xlabel('Delay Condition');

20 set(h,'fontweight','bold');

21 h=ylabel('Error Rate');

22 set(h,'fontweight','bold');

23

24 set(gca,'XTick',1:4);

25 set(gca,'XTickLabel',{'0.5' '1' '2' '0.5+1.5'});

26 ys = 0:0.05:0.4;

27 set(gca,'YTick',ys);

28 for i = 1:length(ys)

29 ys_text{i} = sprintf('%.02f',ys(i));

30 end

31 set(gca,'YTickLabel',ys_text);

32 set(gca,'TickDir','out');

33

34 orient landscape

35 print('-dpdf','meanER2.pdf')
```

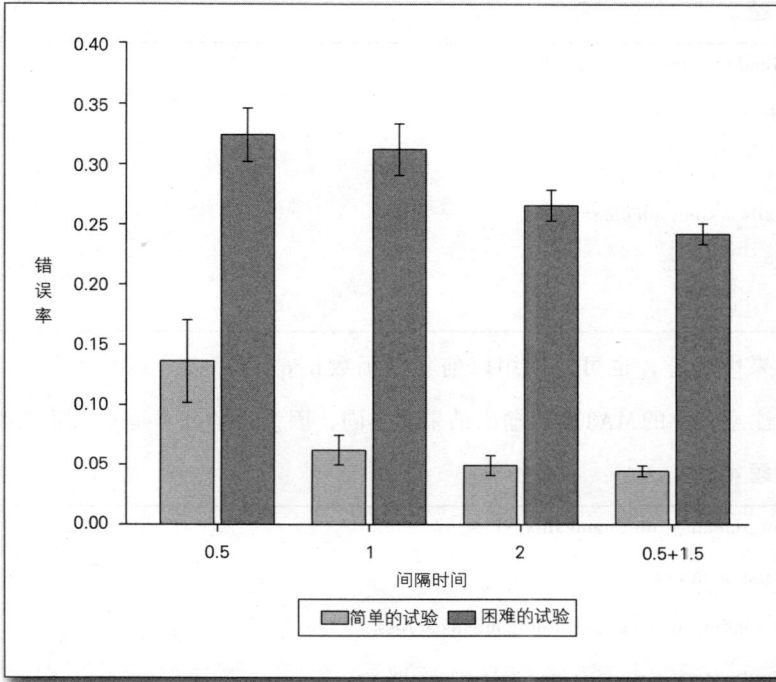

图 B.8

8.2

问题 1

```
1 nToss = 100;
2
3 for i = 1:nToss
4 outcome(i) = round(rand);
5 end
```

问题 2

```
1 nToss = 100;
2 outcome = round(rand(1,nToss));
```

问题 3

```
1 >> nHeads = sum(outcome==1)

2 nHeads =

3 44

4 >> nTails = sum(outcome==0)

5 nTails =

6 56
```

如果你愿意，也可以使用以前写的函数 freq。

请注意：你的 MATLAB 输出结果会不同，因为这个练习是基于随机数的。

问题 4

```
1 function rmean = runningmean(x,N)

2 % x = list of values

3 % N = window to compute running means across

4 % Output: rmean = running mean(same length as x)

5 for i = 1:length(x)

6 if i < N

7 rmean(i) = NaN;
```

问题 5

```
1 >> nToss = 100;

2 >> outcome = round(ceil(rand(1,nToss)*6));

3 >> for d = 1:6

4 cSide(d) = sum(outcome==d);

5 end

6 >> cSide

7 cSide =
```

```
8 17 14 15 15 21 18
9 >> [ 1:6; cSide ]
10 ans =
11 1 2 3 4 5 6
12 17 14 15 15 21 18
```

你可以再次使用以前编写的函数 freq。

问题 6

```
1 >> nToss = 100;
2 >> nSide = 20;
3 >> outcome = round(ceil(rand(1,nToss)*nSide));
4 >> for d = 1:nSide
5 cSide(d) = sum(outcome==d);
6 end
7 >> [ 1:nSide; cSide ]
8 ans =
9 Columns 1 through 10
10 1 2 3 4 5 6 7 8 9 10
11 4 7 7 8 5 4 3 6 7 5
12 Columns 11 through 20
13 11 12 13 14 15 16 17 18 19 20
14 7 2 5 3 3 6 5 3 7 3
```

问题 7

```
1 >> nToss = 100;
2 >> nSide = 20;
3 >> randmat = rand(nSide,nToss);
```

```
4 >> [j,outcome] = max(randmat);

5 >> for d = 1:nSide

6 cSide(d) = sum(outcome==d);

7 end

8 >> [ 1:nSide; cSide ]

9 ans =

10 Columns 1 through 10

11 1 2 3 4 5 6 7 8 9 10

12 4 6 3 3 8 4 8 2 7 8

13 Columns 11 through 20

14 11 12 13 14 15 16 17 18 19 20

15 2 9 5 1 7 6 2 7 4 4
```

8.3

问题1

```
1 fid = fopen('BristolNorms30-08-05.txt','r');

2 formatstring = [ '%s' repmat(' %f',1,9) ];

3 worddata=textscan(fid,formatstring,'headerlines',2,'delimiter','\t');

4 fclose(fid);
```

问题2

```
1 img = worddata{4};

2 fam = worddata{5};

3 scatter(img,fam)

4 xlabel('Imageability')

5 ylabel('Familiarity')

6 axis([ 100 700 100 700 ])
```

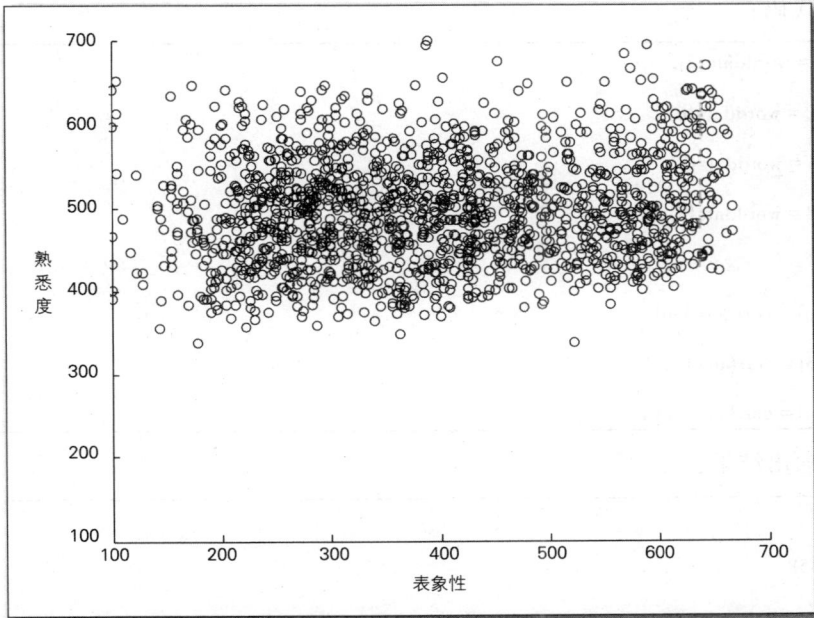

图 B.9

问题3

代码：

```
1 img = worddata{4};
2 aoa = worddata{2};
3 [r,p] = corr(img,aoa)
```

输出结果：

```
1 r =
2 -0.5215
3 p =
4. 3.7625e-107
```

问题 4

代码：

```
1 aoa = worddata{2};

2 lenL = worddata{6};

3 lenS = worddata{7};

4 lenP = worddata{8};

5

6 [rL,p] = corr(aoa,lenL)

7 [rS,p] = corr(aoa,lenS)

8 [rP,p] = corr(aoa,lenP)
```

输出结果：

```
1 rL =

2 0.2858

3 p =

4 4.5785e-30

5 rS =

6 0.3371

7 p =

8 7.2678e-42

9 rP =

10 0.3303

11 p =

12 3.5656e-40
```

问题 5

```
1 >> aoa = worddata{2};
```

```
2 >> [val,id]=max(aoa)

3 val =

4 12.6000

5 id =

6 668

7 >> worddata{1}(id)

8 ans =

9 'hernia'

10 >> [val,id]=min(aoa)

11 val =

12 2.1000

13 id =

14 863

15 >> worddata{1}(id)

16 ans =

17 'mummy'
```

问题 6

```
1 >> img = worddata{4};

2 >> [vals,ids] = sort(img);

3 >> vals(1:10)

4 ans =

5 100

6 100

7 100

8 100
```

```
9 100

10 100

11 105

12 105

13 105

14 111

15 >> % low imageability

16 >> worddata{1}(ids(1:10))

17 ans =

18 'affect'

19 'dogma'

20 'entail'

21 'ever'

22 'overt'

23 'quantum'

24 'become'

25 'innate'

26 'other'

27 'output'

28 >> vals((end:−1:(end−10)))

29 ans =

30 668

31 668

32 664

33 662
```

```
34 661

35 660

36 659

37 655

38 655

39 655

40 654

41 >> % high imageability

42 >> worddata{1}(ids((end:-1:(end-10))))

43 ans =

44 'hammer'

45 'bride'

46 'bath'

47 'rainbow'

48 'dress'

49 'beach'

50 'sausage'

51 'trouser'

52 'tractor'

53 'leaf'

54 'nurse'
```

问题 7

```
1 >> aoa = worddata{2};

2 >> [vals,ids] = sort(aoa);

3 >> ImagLaoa = worddata{4}(ids(1:100));
```

```
4 >> ImagHaoa = worddata{4}(ids(end:-1:(end-100)));

5 >> [h,p,ci,stat] = ttest2(ImagLaoa,ImagHaoa)

6 h =

7 1

8 p =

9 3.1280e-40

10 ci =

11 227.6953

12 287.9722

13 stat =

14 tstat: 16.8700

15 df: 199

16 sd: 108.3394
```

8.4

问题 1

```
1 fid = fopen('expansion.txt','r');

2 formatstring = '%s %f %f %f';

3 searches = textscan(fid,formatstring,'headerlines',1, ...

4 'delimiter','\t');

5 fclose(fid);
```

问题 2

代码：

```
1 rowsL = strcmp(searches{1},'Landmark');

2 birdsL = unique(searches{2}(find(rowsL)));

3
```

```
4 totalSearches = [];

5 for b = 1:length(birdsL)

6 totalSearches(b) = sum(searches{4}(find( ...

7 searches{2} == birdsL(b))));

8 end

9

10 propSearchL = [];

11 for b = 1:length(birdsL)

12 for g = 1:100

13 propSearchL(b,g) = searches{4}(find( ...

14 searches{2} == birdsL(b) & searches{3} == g))/totalSearches(b);

15 end

16 end

17

18 mSearchL = mean(propSearchL);

19 mSearchL

20

21 sum(mSearchL)
```

输出结果:

```
1 mSearchL =

2 Columns 1 through 5

3 0 0 0.0016 0 0.0049

4 Columns 6 through 10

5 0.0091 0.0154 0.0089 0.0016 0

6 Columns 11 through 15
```

```
7  0 0.0060 0.0118 0.0242 0.0202
8  Columns 16 through 20
9  0.0183 0.0187 0.0203 0.0052 0
10  ...
11  ans =
12  1.0000
```

问题3

```
1  figure
2  hold on
3
4  axis([0 10 0 10])
5  set(gca,'XTick',[])
6  set(gca,'YTick',[])
7
8  grid = 0;
9
10  for g1 = 1:10
11  for g2 = 1:10
12  grid = grid + 1;
13  if mSearchL(grid) > 0
14  scatter(g2-0.5,g1-0.5,mSearchL(grid)*2500,'sk', ...
15  'MarkerFaceColor','k')
16  end
17  end
18  end
```

```
19
20 box on
```

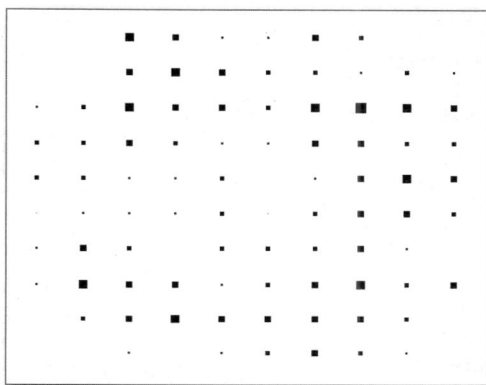

图 B.10

问题 4

```
1 fp = fillPage(gcf, 'margins', [0 0 0 0], 'papersize', [6 6]);

2 print('2dpeck_landmark.pdf','-dpdf')
```

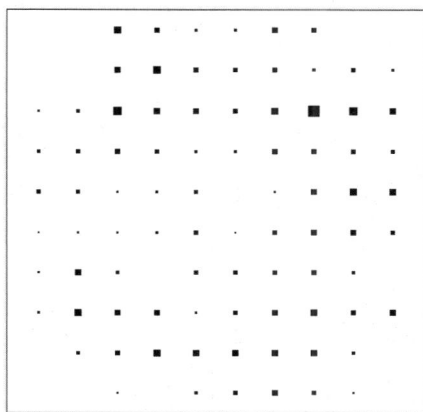

图 B.11

问题 5

```
1 groupName = {'Landmark' 'Wall'};

2

3 fid = fopen('expansion.txt','r');

4 formatstring = '%s %f %f %f';

5 searches = textscan(fid,formatstring,'headerlines',1, ...

6 'delimiter','\t');

7 fclose(fid);

8

9 for group = 1:2

10 clear rows birds mSearch

11 rows = strcmp(searches{1},groupName{group});

12 birds = unique(searches{2}(find(rows)));

13 totalSearches = [];

14 for b = 1:length(birds)

15 totalSearches(b) = sum(searches{4}( ...

16 find(searches{2} == birds(b))));

17 end

18

19 propSearch = [];

20 for b = 1:length(birds)

21 for g = 1:100

22 propSearch(b,g) = searches{4}(find( ...

23 searches{2} == birds(b) & searches{3} == g))/ ...

24 totalSearches(b);
```

```
25 end

26 end

27 mSearch = mean(propSearch);

28

29 figure

30 hold on

31 axis([0 10 0 10])

32 set(gca,'XTick',[])

33 set(gca,'YTick',[])

34

35 grid = 0;

36 for g1 = 1:10

37 for g2 = 1:10

38 grid = grid + 1;

39 if mSearch(grid) > 0

40 scatter(g2−0.5,g1−0.5,mSearch(grid)*2500,'sk', ...

41 'MarkerFaceColor','k')

42 end

43 end

44 end

45

46 box on

47 fp = fillPage(gcf, 'margins', [0 0 0 0], 'papersize', [6 6]);

48 print(sprintf('2dpeck_%s.pdf',groupName{group}),'-dpdf')

49 close all
```

```
50
51 end
```

Wall 组图形如下：

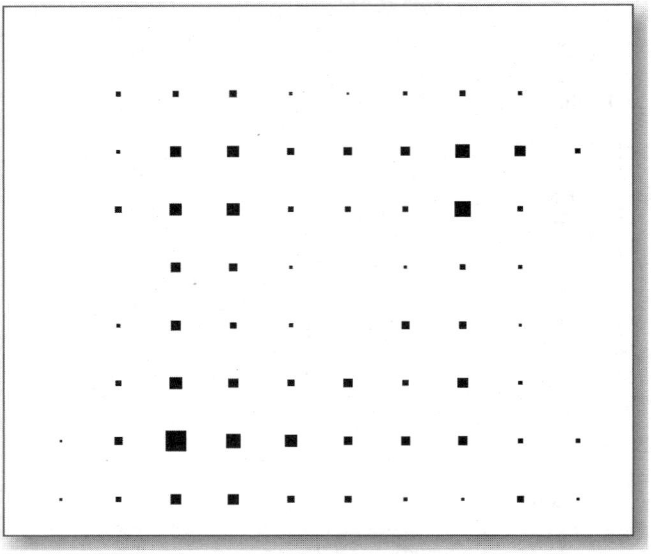

图 B.12

问题 6

```
1 figure
2 hold on
3
4 set(gca,'LineWidth',3)
5
6 for i = 1:10
7 plot([0 10], [i i],'k','LineWidth',3)
8 plot([i i], [0 10],'k','LineWidth',3)
```

```
9 end

10

11 axis([0 10 0 10])

12 set(gca,'XTick',[])

13 set(gca,'YTick',[])

14

15 grid = 0;

16 for g1 = 1:10

17 for g2 = 1:10

18 grid = grid + 1;

19 text(g2−0.5,g1−0.5,sprintf('%.0f',grid), ...

20 'HorizontalAlignment','center', ...

21 'FontSize',16);

22 end

23 end

24

25 box on

26 fp = fillPage(gcf, 'margins', [0 0 0 0], 'papersize', [6 6]);

27 print('grid_labelled.pdf','-dpdf')
```

8.5

问题 1

```
1 >> img = imread('images/0001.jpg');

2 >> imshow(img)
```

来源：Cerf et al. (2007).

图 B.13

问题 2

```
1 >> img = imread('images/0001.jpg');

2 >> load annotations

3 >> an{1}.object{1}

4 ans =

5 mask: [18916x1 double]

6 name: 'face'

7 >> imgFace = img;

8 >> imgFace(an{1}.object{1}.mask) = 0;

9 >> imshow(imgFace)
```

来源：Cerf et al. (2007).

图 B.14

问题 3

图 B.15

图 B.16

```
1  function [] = fixplot(imgID)

2

3  img = imread(sprintf('images/%04.of.jpg',imgID));

4  load fixations

5

6  figure

7  imshow(img)

8  hold on

9

10 for sub = 1:length(sbj)

11 for fix = 1:length(sbj{sub}.scan{imgID}.fix_x)

12 x = sbj{sub}.scan{imgID}.fix_x(fix);

13 y = sbj{sub}.scan{imgID}.fix_y(fix);

14 dur = sbj{sub}.scan{imgID}.fix_duration(fix);

15 scatter(x,y,dur,'ob','LineWidth',3,'MarkerFaceColor','c');

16 end

17 end

18

19 fp = fillPage(gcf, 'margins', [0 0 0 0], 'papersize', ...

20 [size(img,2)/100 size(img,1)/100]);

21 print(sprintf('eyetrack_%o4.0f.pdf',imgID),'-dpdf')

22 close
```

问题 4

```
1  function [] = eyeplot(imgID)

2
```

```matlab
3 img = imread(sprintf('images/%04.0f.jpg',imgID));

4 load fixations

5

6 eyeMap = zeros(size(img,1),size(img,2));

7 for sub = 1:length(sbj)

8 %sub

9 for i = 1:length(sbj{sub}.scan{imgID}.scan_x)

10 x = ceil(sbj{sub}.scan{imgID}.scan_x(i));

11 y = ceil(sbj{sub}.scan{imgID}.scan_y(i));

12 if x > 1 & y > 1

13 % exclude positions that are off-screne

14 eyeMap(y,x) = eyeMap(y,x) + 1;

15 end

16 end

17 end

18

19 % change to proportions

20 eyeMap = eyeMap ./ sum(sum(eyeMap));

21

22 % smooth eyeMap with a Guassian Kernel

23 kern1d = normpdf(-10:10,0,5);

24 kern2d = kern1d'*kern1d*10;

25 eyeMapSmooth = conv2(eyeMap,kern2d,'same');

26

27 figure
```

```
28 subplot(1,2,1)

29 imshow(img)

30

31 subplot(1,2,2)

32 imshow(eyeMapSmooth*255)

33 colormap(jet)

34

35 fp = fillPage(gcf, 'margins', [0 0 0 0], 'papersize', ...

36 [size(img,2)/100*2 size(img,1)/100]);

37 print(sprintf('eyeplot_%04.Of.pdf',imgID),'-dpdf')

38 close
```

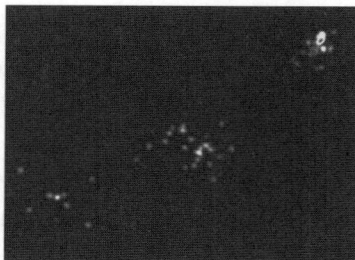

来源: Cerf et al. (2007).

图 B.17

问题 5

```
1 function [] = eyetop(imgID)

2

3 img = imread(sprintf('images/%04.Of.jpg',imgID));

4 load fixations

5

6 eyeMap = zeros(size(img,1),size(img,2));

7 for sub = 1:length(sbj)

8 for i = 1:length(sbj{sub}.scan{imgID}.scan_x)

9 x = ceil(sbj{sub}.scan{imgID}.scan_x(i));

10 y = ceil(sbj{sub}.scan{imgID}.scan_y(i));

11 if x > 1 & y > 1

12 % exclude positions that are off-screne

13 eyeMap(y,x) = eyeMap(y,x) + 1;

14 end

15 end

16 end

17

18 % change to proportions

19 eyeMap = eyeMap ./ sum(sum(eyeMap));

20

21 % smooth eyeMap with a Guassian kernel

22 kern1d = normpdf(-10:10,0,5);

23 kern2d = kern1d'*kern1d*10;

24 eyeMapSmooth = conv2(eyeMap,kern2d,'same');
```

```
25
26 % average the image and eyeMap
27 imgCombined(:,:,:,1) = img;
28 imgCombined(:,:,2,2) = eyeMapSmooth./max(max(eyeMapSmooth))*255*4;
29 imgCombined = uint8(mean(imgCombined,4));
30
31 figure
32 imshow(imgCombined)
33 imwrite(imgCombined,sprintf('eyetop_%04.Of.jpg',imgID))
```

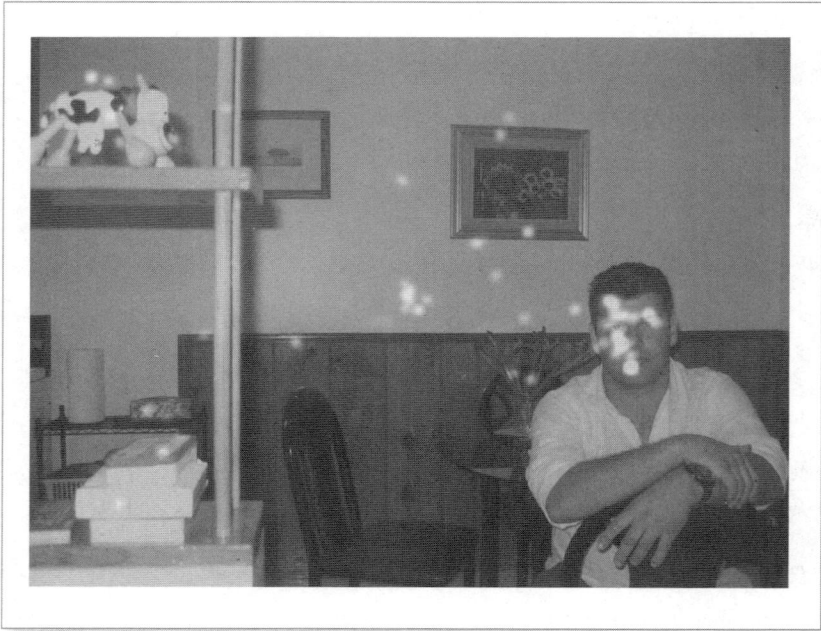

来源：Cerf et al. (2007).

图 B.18

来源：Cerf et al. (2007).

图 B.19

问题 6

```
1 img = imread('images/0001.jpg');

2

3 img256 = randblock(img,[256 256 3]);

4 imshow(img256)

5 imwrite(img256,'0001_256.jpg')

6 close

7

8 img64 = randblock(img,[64 64 3]);

9 imshow(img64)
```

```
10 imwrite(img64,'0001_064.jpg')

11 close

12

13 img16 = randblock(img,[16 16 3]);

14 imshow(img16)

15 imwrite(img16,'0001_016.jpg')

16 close

17

18 img1 = randblock(img,[1 1 3]);

19 imshow(img1)

20 imwrite(img1,'0001_001.jpg')

21 close
```

请注意：图像可能会有些不同，因为randblocks是基于随机的。

来源：改编自 Cerf et al. (2007).

图 B.20

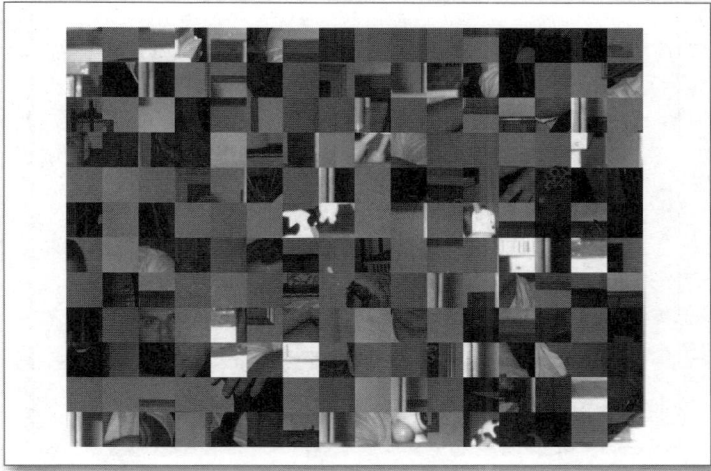

来源：改编自 Cerf et al. (2007).

图 B.21

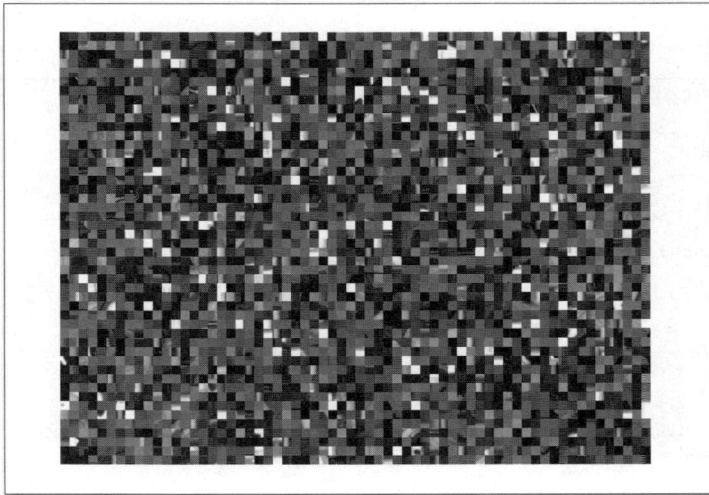

来源：改编自 Cerf et al. (2007).

图 B.22

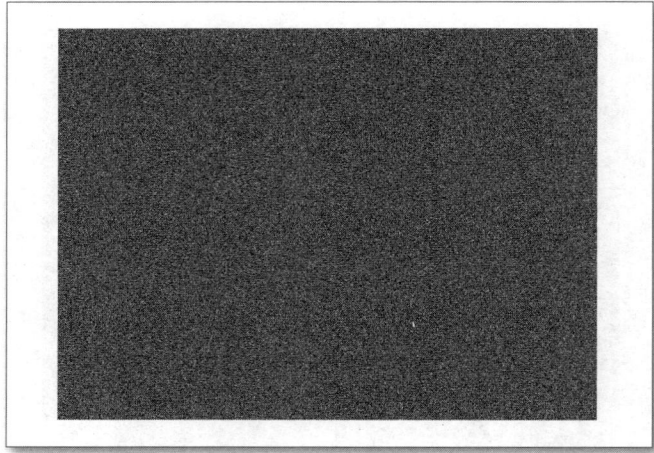

图 B.23

8.6

问题1

代码:

```
1 nTrials = 48;

2 nCond = 4;

3

4 seq = repmat(1:nCond,1,nTrials/nCond);

5

6 passed = 0;

7 nTry = 0;

8 while passed == 0

9 seq = seq(randperm(nTrials));

10 passed = 1;
```

```
11
12 i = 1;
13 while i < nTrials−2
14 if seq(i) == seq(i+1)
15 if seq(i+1) == seq(i+2)
16 passed = 0;
17 end
18 end
19 i = i + 1;
20 end
21 nTry = nTry + 1;
22 end
23
24 seq
25 nTry
```

输出结果：

```
1 seq =
2 Columns 1 through 8
3 1 2 3 4 4 1 4 2
4 Columns 9 through 16
5 1 3 4 4 3 2 3 1
6 Columns 17 through 24
7 2 3 1 2 1 3 3 2
8 Columns 25 through 32
9 2 4 2 4 4 1 3 3
```

```
10 Columns 33 through 40

11 2 4 1 1 3 1 2 2

12 Columns 41 through 48

13 3 4 1 4 3 1 2 4

14 nTry =

15 6
```

问题 2

代码：

```
1 nTrials = 48;

2 nCond = 4;

3 ITIlist = [ 1 2 ];

4

5 ITIcond = [];

6 for i = 1:length(ITIlist)

7 ITIcond = [ ITIcond repmat(ITIlist(i),1, ...

8 (nTrials/nCond)/length(ITIlist)) ];

9 end

10

11 for i = 1:nCond

12 ITIseq(i,:) = ITIcond(randperm(length(ITIcond)));

13 end

14 ITIseqCount = zeros(nCond,1);

15

16 seq = repmat(1:nCond,1,nTrials/nCond);

17
```

```
18 passed = 0;

19 nTry = 0;

20 while passed == 0

21 seq = seq(randperm(nTrials));

22 passed = 1;

23

24 i = 1;

25 while i < nTrials−2

26 if seq(i) == seq(i+1)

27 if seq(i+1) == seq(i+2)

28 passed = 0;

29 end

30 end

31 i = i + 1;

32 end

33 nTry = nTry + 1;

34 end

35

36 for i = 1:length(seq)

37 ITIseqCount(seq(i)) = ITIseqCount(seq(i)) + 1;

38 iti(i) = ITIseq(seq(i),ITIseqCount(seq(i)));

39 end

40

41 seq

42 iti
```

```
42 nTry

44

45 % check

46 for i = 1:nCond

47 sort(iti(find(seq == i)))

48 end
```

输出结果：

```
1 seq =

2 Columns 1 through 10

3 4 3 4 2 1 2 3 4 2 4

4 Columns 11 through 20

5 4 1 1 3 4 2 2 1 4 3

6 Columns 21 through 30

7 3 1 3 1 4 4 2 2 1 4

8 Columns 31 through 40

9 3 2 2 3 1 1 2 4 1 3

10 Columns 41 through 48

11 1 2 3 3 2 4 1 3

12 iti =

13 Columns 1 through 10

14 2 2 1 1 1 2 1 1 2 1

15 Columns 11 through 20

16 1 1 2 2 1 1 2 2 2 1

17 Columns 21 through 30

18 1 2 2 1 2 2 2 1 1 2
```

19 Columns 31 through 40

20 2 2 1 2 2 2 1 1 1 2

21 Columns 41 through 48

22 1 2 1 1 1 2 2 1

23 nTry =

24 7

25 ans =

26 Columns 1 through 10

27 1 1 1 1 1 1 2 2 2 2

28 Columns 11 through 12

29 2 2

30 ans =

31 Columns 1 through 10

32 1 1 1 1 1 1 2 2 2 2

33 Columns 11 through 12

34 2 2

35 ans =

36 Columns 1 through 10

37 1 1 1 1 1 1 2 2 2 2

38 Columns 11 through 12

39 2 2

40 ans =

41 Columns 1 through 10

42 1 1 1 1 1 1 2 2 2 2

43 Columns 11 through 12

问题 3

```
1 dlmwrite('trialinfo.txt',[ seq' iti' ],'\t')

2

3 figure

4

5 itiColor(1,:) = [ 0 0 0 ];

6 itiMark(1) = '^';

7 itiColor(2,:) = [ 0.25 0.25 1 ];

8 itiMark(2) = 'o';

9

10 hold on

11 for i = 1:length(seq)

12 plot([i i],[0 max(seq)],'k');

13 plot([i i],[seq(i) seq(i)−1],'Color',itiColor(iti(i),:), ...

14 'LineWidth',3)

15 scatter(i,seq(i)−0.5,150,itiMark(iti(i)),'k', ...

16 'MarkerFaceColor',itiColor(iti(i),:));

17 end

18

19 axis([0 length(seq)+1 0 max(seq)])

20 set(gca,'FontSize',24)

21 set(gca,'YTick',[1:max(seq)]−0.5)

22 set(gca,'YTickLabel',1:max(seq))

23 set(gca,'XTick',0:6:length(seq))
```

```
24 set(gca,'TickDir','out')

25

26 xlabel('Trial Number')

27 ylabel('Condition')

28 box on

29

30 fp = fillPage(gcf, 'margins', [0 0 0 0], 'papersize', [25 4]);

31 print('trialSequence.pdf','-dpdf')
```

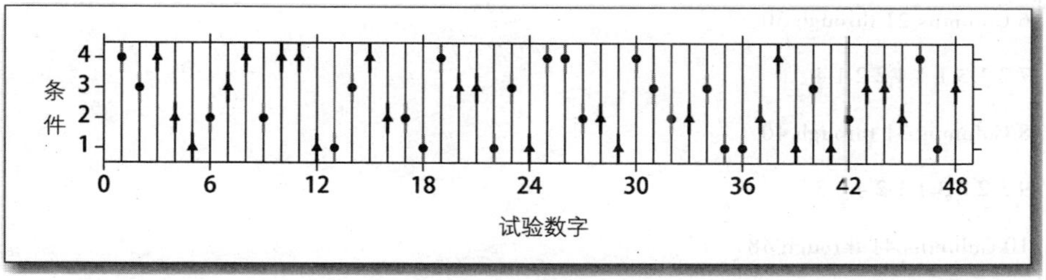

图 B.24

问题 4

代码：

```
1 nCond = 4;

2

3 seq

4 iti

5

6 trialInfo = seq + (iti−1)*nCond;

7 trialInfo
```

```
8
9 seq2 = mod(trialInfo−1,nCond) + 1
10 iti2 = ceil(trialInfo/nCond)
```

输出结果：

```
1 seq =
2 Columns 1 through 10
3 4 3 4 2 1 2 3 4 2 4
4 Columns 11 through 20
5 4 1 1 3 4 2 2 1 4 3
6 Columns 21 through 30
7 3 1 3 1 4 4 2 2 1 4
8 Columns 31 through 40
9 3 2 2 3 1 1 2 4 1 3
10 Columns 41 through 48
11 1 2 3 3 2 4 1 3
12 iti =
13 Columns 1 through 10
14 2 2 1 1 1 2 1 1 2 1
15 Columns 11 through 20
16 1 1 2 2 1 1 2 2 2 1
17 Columns 21 through 30
18 1 2 2 1 2 2 2 1 1 2
19 Columns 31 through 40
20 2 2 1 2 2 2 1 1 1 2
21 Columns 41 through 48
```

```
22 1 2 1 1 1 2 2 1

23 trialInfo =

24 Columns 1 through 10

25 8 7 4 2 1 6 3 4 6 4

26 Columns 11 through 20

27 4 1 5 7 4 2 6 5 8 3

28 Columns 21 through 30

29 3 5 7 1 8 8 6 2 1 8

30 Columns 31 through 40

31 7 6 2 7 5 5 2 4 1 7

32 Columns 41 through 48

33 1 6 3 3 2 8 5 3

34 seq2 =

35 Columns 1 through 10

36 4 3 4 2 1 2 3 4 2 4

37 Columns 11 through 20

38 4 1 1 3 4 2 2 1 4 3

39 Columns 21 through 30

40 3 1 3 1 4 4 2 2 1 4

41 Columns 31 through 40

42 3 2 2 3 1 1 2 4 1 3

43 Columns 41 through 48

44 1 2 3 3 2 4 1 3

45 iti2 =

46 Columns 1 through 10
```

```
47  2 2 1 1 1 2 1 1 2 1

48  Columns 11 through 20

49  1 1 2 2 1 1 2 2 2 1

50  Columns 21 through 30

51  1 2 2 1 2 2 2 1 1 2

52  Columns 31 through 40

53  2 2 1 2 2 2 1 1 1 2

54  Columns 41 through 48

55  1 2 1 1 1 2 2 1
```

术语表

通过本书，你已经学到了很多关于 MATLAB 的知识。然而，有时你需要复习这些内容，才能想起函数的用处。这里的术语表有助于你快速复习书里讨论过的每个函数的用处。

，

一般运算符。分隔函数中的输入，矩阵中的元素或元胞数组的元素。

；

一般运算符。矩阵分行，或用在命令行结尾处阻止 MATLAB 把输出结果打印到命令窗口。

：

一般运算符。告诉 MATLAB 调用变量时使用给定维度的所有值或者指定变量范围内的所有值。

.*

数学运算符。两个变量作乘积，对应元素相乘。

./

数学运算符。两个变量作除法，对应元素相除。

'

矩阵运算符。转置矩阵。

( )

一般运算符。用于指定函数的输入或数学命令中的运算顺序。

[ ]

一般运算符。用于定义矩阵。

{ }

一般运算符。用于定义元胞数组。

%

一般运算符。表示单行注释的开始。

%{

一般运算符。开始注释块。

%}

一般运算符。结束注释块。

=

一般运算符。用于定义变量。

==

比较/布尔运算符。比较两个数值，相等返回（1），否则返回（0）。

<

比较/布尔运算符。比较两个数值，前者小于后者返回（1），否则返回（0）。

>

比较/布尔运算符。比较两个数值，前者大于后者返回（1），否则返回（0）。

<=

比较/布尔运算符。比较两个数值，前者小于或等于后者返回（1），否

则返回（0）。

>=

比较/布尔运算符。比较两个数值，前者小于或等于后者返回（1），否则返回（0）。

~

一般运算符。返回布尔值的相反值（非）。

~=

比较/布尔运算符。比较两个数值，不相等返回（1），否则返回（0）。

ans

一般运算符。缺省=运算符的变量时，MATLAB默认的结果变量。

axis

绘图函数。设置图中 x 轴和 y 轴的边界（可见区域的范围）。

bar

绘图函数。绘制指定数据的条形图。

barh

绘图函数。绘制指定数据的水平图形图。

BarWidth

绘图设置。结合set或者绘图函数调整条形图中条形的宽度。

box

绘图函数。启用或禁用图中的边框。

break

调试函数。终止当前循环语句。

cat

矩阵操作函数。连接两个矩阵。

cd

目录函数。将当前工作目录更改为指定目录。

ceil

一般函数。向右取整。

clc

一般函数。清除命令窗口的内容。

clear

一般函数。清除MATLAB工作空间中的变量。

close

绘图函数。关闭当前图形窗口，指定的图形窗口或所有图形窗口。

Color

绘图设置。结合set或绘图函数调整线图的颜色。

colorbar

绘图函数。用于显示image图形的颜色条。

colormap

绘图函数。用于调整image图形的色差。

contour

绘图函数。绘制指定数据的等高线图。

corr

推理统计函数。计算指定数据的皮尔森或斯皮尔曼相关性。

corrcoef

推理统计函数。计算指定数据的皮尔森相关性。

dbquit

调试函数。 退出键盘模式。

dir

目录函数。列出目录内容。

disp

编程函数。把指定字符串打印到 MATLAB 命令窗口。

dlmread

数据输入/输出函数。用指定分隔符把文本文件读入 MATLAB。

dlmwrite

数据输入/输出函数。用指定分隔符从 MATLAB 中导出文本文件。

doc

帮助函数。 打开一个单独的帮助窗口, 比 help 显示的内容更多, 有更广泛更详细的例子。

echo

调试函数。把脚本或函数中运行的所有命令打印到命令窗口。同一个函数也可用于关闭 echo。

EdgeColor

绘图设置。结合 set 或绘图函数调整条形图的边框颜色。

edit

编程函数。打开编辑器窗口来修改脚本和函数。

else

条件语句。 只在前面条件不满足的情况下执行代码块。

elseif

条件语句。只在前面条件不满足, 而指定条件满足的情况下执行代码块。

end

一般函数和条件/循环语句。可用于当引用变量中的值时，指最后一行或列或结束一个条件语句（if-elseif-else）或循环（for/while）。

errorbar

绘图函数。从指定数据绘制带误差线的折线图。

eval

编程函数。判断字符串是否为 MATLAB 命令；通常结合 sprintf 使用。

exit

一般函数。退出 MATLAB。

FaceColor

绘图设置。结合 set 或者绘图函数调整条形图的颜色。

fclose

数据输入/输出函数。关闭 open 打开的文件。

figure

绘图函数。打开新的图形窗口，或者切换到现有的图形窗口。

floor

一般函数。向左取整。

FontSize

绘图设置。结合 set 或者绘图函数调整图形中的字体大小。

FontWeight

绘图设置。结合 set 或者绘图函数调整图形中的字体粗细（加粗）。

fopen

数据输入/输出函数。用 textscan 或者类似的函数打开文件并读入。

for

循环语句。当变量遍历一组指定的值时，循环通过代码块。

function

编程函数。定义一个新函数。

grid

绘图函数。启用或禁用图中的网格线。

help

帮助函数。提供指定函数的描述和示例。

hold on

绘图函数。保留当前图形内容，而不是被覆盖。

horzcat

矩阵操作函数。水平连接两个矩阵。

if

条件语句。只在指定条件满足时执行代码块。

image

绘图函数。给定三维矩阵 x 轴、y 轴和颜色，生成显示图像。

imagesc

绘图函数。在颜色范围内自动设置生成色差最大的显示图像。

input

编程函数。通常用于脚本或函数内，提示用户交互地输入一个变量。

intersect

比较函数。返回两个指定变量之间的值。

isnan

比较/布尔函数。检查值是否为 NaN；逻辑上等价于 X==NaN（尽管这没有意义）。

keyboard

编程函数。暂停一个脚本或函数，进入互动模式，此时用户可输入命令。

legend

绘图函数。 用指定标签在当前图形上添加图例。

length

一般函数。确定矩阵的长度（最大的行数或列数；相当于 max(size(X))）。

linespec

绘图设置。结合 help 获取可修改的绘图设置的列表。

LineWidth

绘图设置。结合 set 或绘图函数调整图中线条的宽度。

load

数据输入/输出函数。从文本文件或 .mat 文件中加载数据。

lookfor

帮助函数。在 MATLAB 帮助数据库中搜索指定的字符串。

ls

目录函数。 列出目录的内容。

MarkerEdgeColor

绘图设置。结合 set 或绘图函数调整散点图中标记的边框颜色。

MarkerFaceColor

绘图设置。结合 set 或绘图函数调整散点图中标记的表面颜色。

MarkerSize

绘图设置。结合 set 或绘图函数调整散点图中标记的大小。

max

描述统计函数。返回矩阵中给定维度上的最大值。

mean

描述统计函数。返回矩阵中给定维度上的均值。

median

描述统计函数。返回矩阵中给定维度上的中间值。

min

描述统计函数。返回矩阵中给定维度上的最小值。

mkdir

目录函数。使用指定的字符串作为名称，在当前工作目录创建一个新目录。

mod

数学运算符。计算一个变量与另一个变量的模，即除法的余数。

nan

矩阵生成函数。创建一个指定大小的NaN值矩阵。一般来说，NaN表示"不是数值"。

nanmean

描述统计函数。等同于mean，但忽略NaN值。

nanmedian

描述统计函数。等同于median，但忽略NaN值。

nanstd

描述统计函数。等同于std，但忽略NaN值。

ones

矩阵生成函数。创建一个指定大小的元素为1的矩阵。

openvar

一般函数。可用GUI交互编辑变量。

pause

编程函数。暂停MATLAB数秒，直至按下一个键。

pie

绘图函数。从指定数据绘制饼图。

plot

绘图函数。从指定数据绘制曲线。

print

绘图函数。把图形保存到一个文件。

profile

调试函数。创建一个详细的报告，显示调用了哪些函数及调用函数花费了多长的处理时间。

pwd

目录函数。返回当前工作目录（即 MATLAB 当前工作文件夹的路径）。

quit

一般函数。退出 MATLAB。

rand

矩阵生成函数。创建一个指定大小的矩阵，由均匀分布得到的随机数组成。

randn

矩阵生成函数。创建一个指定大小的矩阵，由正态分布得到的随机数组成。

repmat

矩阵操作函数。返回一个矩阵，该矩阵由输入矩阵重复指定次数得到。

reshape

矩阵操作函数。返回一个新矩阵，该矩阵基于指定矩阵，打乱行或列重新排列，而值的总数保持不变。

return

编程函数。用于函数内指定本应返回的值，然后函数再完成运行。

round

一般函数。对数值四舍五入取整。

save

数据输入/输出函数。把MATLAB工作空间中的变量保存到指定的 .mat 文件。

scatter

绘图函数。用指定数据绘制散点图。

set

绘图函数。用于各种绘图设置。

setdiff

比较函数。返回第一个变量而不是第二个变量的值。

size

一般函数。确定矩阵的大小（行数和列数）。

sort

矩阵操作函数。 在矩阵中给值排序。

sprintf

编程函数。创建由其他变量指定的字符串。

squeeze

矩阵操作函数。沿着只有单一索引的维度折叠矩阵。

std

描述统计函数。返回给定维度上的标准差。

strcmp

比较/布尔函数。比较两个字符串，若相同返回（1），否则返回（0）。

sum

描述统计函数。返回给定维度上的总和。

textscan

数据输入/输出函数。从加载的文本文件中读入数据。

tic

调试函数。在MATLAB启动计时器。

TickDir

绘图设置。结合set或者绘图函数控制轴刻度方向向内或向外。

title

绘图函数。设置当前图的标题。

toc

调试函数。关闭MATLAB计时器，并返回运行时间。

ttest

推断统计函数。求单样本或配对样本的t检验。

ttest2

推断统计函数。求独立样本的t检验。

unique

矩阵操作函数。排序，同时返回变量中的唯一值。

var

描述统计函数。返回给定维度上的方差。

vertcat

矩阵操作变量。垂直连接两个矩阵。

while

循环语句。循环代码块直到条件语句不满足时为止。

who

一般函数。列出 MATLAB 工作空间的所有变量。

whos

一般函数。列出 MATLAB 工作空间的所有变量，比 who 有更多的内容。

xlabel

绘图函数。设置当前图的 x 轴标签。

xlsread

数据输入/输出函数。从 Excel 电子表格文件中读取数据。

XTick

绘图设置。结合 set 或者绘图函数指定 x 轴刻度的位置。

XTickLabel

绘图设置。结合 set 或者绘图函数指定对应于 x 轴刻度位置的标签。

ylabel

绘图函数。设置当前图的 y 轴标签。

YTick

绘图设置。结合 set 或者绘图函数指定 y 轴刻度的位置。

zeros

生成矩阵函数。创建指定大小的 0 值矩阵。